カラー図解でわかる力学「超」入門

3 小時讀通

牛頓力學

新裝版

前 言

　　本書的主題是物理學的入門——牛頓力學，希望讀者能先將全文從頭到尾快速讀過一遍，為此特別繪製了容易理解的插圖。

　　力學涵蓋各種不同的範圍。在本書中，將以小學至高中的自然科或物理課程中的「力」、「能量」、「運動」等基本觀念為主。也就是牛頓力學、古典力學的範圍。

　　日常生活與力學之間有著密不可分的關係。在學校裡學習力學的時間並不充足，大多都以解題結束。因此，想必對於一些人來說，力學就維持在似懂非懂的狀態，留下的只是艱深的印象。

　　我想要計畫寫這本書的契機，是因為認識了一個四年級的小學生。編輯人員向我說明此書企劃的大約兩週前，有一個曾經閱讀同一家出版社發行之「流體力學」相關書籍的女孩，打電話到我家。

　　女孩對我說，「由於春假的功課，我正在查詢『浮力』相關資料，其中有些問題想向您請教。」聽說女孩的住址，原來就在我過去生活圈附近，於是隔天我們便約在她家附近

的公立圖書館，在大廳角落的座位區，就這樣談話約一個小時。

女孩熱衷地查詢了許多資料，事先準備的幾個問題，都很切中核心，我也盡可能地以簡單的詞句回答。

如果今天是在教高中生，可以列出算式，向學生說明「因為這樣，所以會浮起來」、「因為這樣，所以會沉下去」就結束了，但當時我一邊說明一邊思考，不知道是否究竟能讓小學生理解多少的情況下，對方還能完全理解我的說明，著實令我欣慰。而拿到本書的企劃案，正是我剛剛經歷過這樣體驗沒多久的事情。

因此在這本書中，我會盡量避開嚴格的定義及冗長的算式，希望對於學習力學有困難印象的人，都能夠理解的方式，去說明與呈現。抱著這樣的想法，我提筆寫下第1章。相信各位讀者經過略讀，就可以概略性地了解本書所涵蓋的內容。

然而，從第2章開始，我不得不利用相當篇幅列出許多算式。這是因為力學的說明，最少篇幅的必要算式與例題，還是無法避免的。在這些算式中，我並未使用高程度的數學計算，而僅僅使用一般算式來解答問題。

所以，我在說明文中特別注意避開一些數學專用術語，

如「把…微分、把…積分…、內插…」等。

但如果實在沒有其他更好的說明方式,我還是會使用三角函數。由於三角函數讓許多人剛起步就跌倒,是令人討厭力學的元兇,因此本書於三角函數的篇幅中,特別設立了「懂了就會」的簡易部份。

力學中重要的向量,我不會使用向量記號F箭頭標示。不嚴格要求向量符號箭頭方向,因此使用插畫代之,不致於產生太大的困擾。

關於文中的名詞,參考編輯的建議,也使用讀者較易閱讀的標示方式。

此外,我將搬運腳踏車、搬運行李等日常生活中常接觸的現象簡化,作為力學的模型。

這種種的用心,都是為了能讓讀者順利從頭讀到最後,也是本書的出發期望。各位讀者讀完本書,若能感到「力學其實也不是這麼困難!」我將感到非常榮幸。

文末,再次感謝給我此次執筆機會,並提供諸多建言及鼓勵的科學編輯部中右文德先生,還有為了支援讀者的理解而繪製示意圖,將公式細心排版的製作人員。在此表達我由衷的感謝。

小峯龍男

目　錄

CONTENTS

第 1 章

力學的第一步

「力學」因抽象的算式展開與專有名詞的理解
困難，使得很多人敬而遠之。因此一開始我們
先不涉及計算與嚴格定義，而從生活切入，介
紹本書所涵蓋的力學範圍。

力學、力與運動的關係

　　本書解說物理學之「牛頓力學」的基礎概念。想必大家都聽說過艾薩克・牛頓與蘋果的有趣故事，牛頓力學又稱為古典力學。

　　在第 1 章裡，我們將以日常生活的範圍，介紹力學最重要的運動與力的關係。此外，對於較為艱深的力學名詞，會簡單地點到為止。本章實例可使讀者了解，力學就是物體、機械運動，以及施力之間的關係，會對力學產生興趣。

　　例如，晴朗的天氣，到公園坐一下椅子，觀察在公園裡面開心遊戲的孩子，從他們的動作中，可以看見本書大部分即將開始說明的事情。溜滑梯、鞦韆、搖搖馬、攀爬架、沙坑、單槓、投球、踢球、捉迷藏等，不勝枚舉。

　　另外，騎腳踏車過彎道，身體會自然地向內傾斜。這是屬於複雜的運動，恐怕各位小時候在剛開始學騎腳踏車的時候，也是戰戰兢兢的，卻在不知不覺中突然抓到了訣竅，越來越習慣，不再需要思考，就能夠很自然地騎得很順利。

　　在公園玩遊戲的孩子，與騎腳踏車過彎道，這兩個例子，就是本書所要解說的主題——牛頓力學，在日常生活我們可體驗到的代表性事物。

在公園玩遊戲

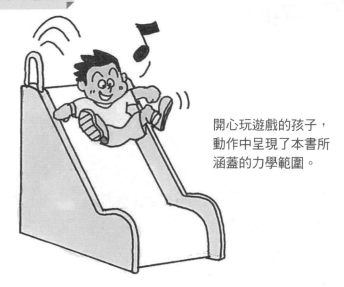

開心玩遊戲的孩子，
動作中呈現了本書所
涵蓋的力學範圍。

騎腳踏車過彎道

騎腳踏車過彎道，車體與身體自
然地傾斜，呈現力學的法則。

力是改變物體形狀及運動狀態的原因

筆者的家裡，每當要丟棄寶特瓶，都會將空容器壓扁，盡可能縮小體積再丟棄。這件事情需要力氣與訣竅，因此主要都是屬於我的工作。雖然這是日常生活中微不足道的小事，但透過這件事我們能了解，**力具有改變物體形狀的效果**。

「力」，會在我們日常生活各種情況中出現。拿身邊的例子來說，搬運很重的行李，我們會體驗到，行李的重量不同，施力也不同。另外，當我們踩著腳踏車踏板前進，道路傾斜程度與速度，載運背包重量不同，踩踏板的力氣也會不同。從這些例子，我們可以知道，**力具有改變物體位置與運動狀態的效果**。

在日常生活中，還有很多名詞，如精力、力氣、能力、經濟力……等等，也會用到「力」字。這些名詞的「力」字，並不會改變物體的狀態，因此這些力與力學中的「力」並不相同。

物體的狀態具有不同的性質，本書主題為「牛頓力學」，主要是探討物體的形狀與運動狀態的變化。力的定義如下：

力，指的是對物體形狀或運動狀態造成改變的作用來源。

力改變物體的形狀

力可改變物體的形狀

力改變物體的運動狀態

坡道

平地

力可改變物體的運動狀態

慣性與質量：物體運動的傾向

力學被認為很困難，原因之一在於專業名詞的定義。定義是指，為了正確理解現象而規定的意義。很多人學習力學一開始感到疑惑的名詞，應該就是**質量**吧。

力學名詞質量，是**慣性質量**的簡稱。在此突然出現**慣性**這個名詞，指的是**物體希望維持原有運動狀態的性質**，換句話說，**靜止的物體希望持續靜止，移動中的物體持續移動**，靜者恆靜，動者恆動，所有物體都具有慣性。

前面一節，我們知道力的定義之一為「改變物體的運動狀態」。舉例來說，在水平地面上，放一個車輪容易滾動的推車，欲搬運兩個同樣尺寸的箱子，一個是空箱子，另一個裝滿書，結果裝滿書的箱子，移動時需要較大的力，停止時亦同。

如上所述，力作用於物體，物體對於施予的力，生成慣性，形成維持原有運動狀態的**抵抗力**。此抵抗力的量，稱為**慣性質量**，因此，裝滿書的箱子比空箱子具有**更大的質量**。

很多人可能會想「這是因為裝滿書的箱子比較重」。但在這裡處**未提及重量**，僅考慮施力於物體，物體**是否容易移動**，因此質量的定義如下：

所謂質量，指的是力作用於物體，物體的慣性所形成抵抗力的量。表示物體慣性的大小，也就是維持或改變物體運動慣性的難易程度。

物體都具有慣性

靜止的箱子
持續靜止

滾動的球
持續滾動

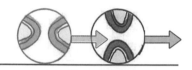

靜止的物體持續靜止，移動的物體
持續移動

質量可表示對一力所產生的抵抗力大小

● 移動推車時

⇨ 欲移動的力

⇦ 欲維持停止狀態的力

● 使推車停止

⇦ 欲停止的力

⇨ 欲維持移動的力

欲將停止中的物體移動，即產生一欲維持停止的力。欲停止移
動中的物體，即產生一欲維持移動的力。質量於此表示抵抗力
的大小。

決定物體重量的要素
——重量與重力

前一節提到「未提及重量」這種理想狀況，這也是力學讓人覺得很難的原因之一。有時甚至在沒有任何事先說明的情況下，在力學中會出現**「忽視重量」**這種情形。在繼續進行力學問題之前，我們一定要先了解「為什麼可以忽略物體的重量呢？」

重或**重量**，指的是地球將物體往地心方向拉的力量，而**非物體本身所具有的量**，這件事非常重要。這種 mk 地心方向拉的力，稱為**重力**。

我們都搭過電梯，電梯上升的瞬間，會覺得身體比較重，電梯下降的瞬間，會覺得身體比較輕，搭電梯可感受身體重量（體重）產生變化。我們的身體具有既定量「質量」不應產生變化，但因電梯朝著與重力相同或相反的方向運動，慣性的抵抗力，與我們身上的重力，發生改變，進而使我們感覺體重也發生變化。

前一節「在水平地面上車輪容易滾動的推車」施予水平方向的力，使推車運動，由於物體的運動與重力無關，設定為「忽略重量」。這樣一來，作用於物體的力與質量（抵抗力大小）之間的關係，可以忽略。然而在現實狀況中，重力並非完全無作用。

重量與重力的關係，可以彙整成這樣的文字敘述：

重量的大小，會隨著地球上的物體被拉往地心的力大小而異，並非定量。

重量與重力的大小

電梯

重量與重力
的大小

地球

上升瞬間的
抵抗力

下降瞬間的
抵抗力

重力

地球將物體拉向地球中
心拉的力是為重力

慣性的抵抗力使我們
感受到體重的變化

能否忽略重量

推車沿著地板水平運動

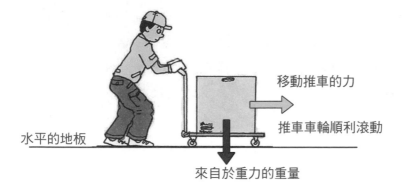

移動推車的力

推車車輪順利滾動

水平的地板

來自於重力的重量

- 推車沿著水平方向運動
- 重力將物體向下拉，然而因推車車輪滾動順利，
  重力並不影響水平方向的運動
- 這就是「忽略重量」的理想假設

我們生活在重力與慣性之中
——重力場與慣性座標系

　　前一節，我們了解「物體的重量即是所受重力的大小」。那麼重力是什麼東西呢？重力定義為**物體所受的萬有引力，與離心力合成的力。萬有引力是任意兩個物體之間互相吸引的力**，兩個物體的質量越大、距離越近，萬有引力也就越大。**離心力**是一種我們騎腳踏車過彎道會感覺到的力，是一種**旋轉運動物體受到向外側的力**。

　　例如蘋果從樹上掉下來，考慮地球與離開樹枝蘋果之間的運動，地球與蘋果之間透過萬有引力互拉。由於蘋果的質量遠小於地球的質量，因此蘋果慣性欲維持停止的抵抗力，也遠小於地球，結果，蘋果被地球拉而掉落到地面上。

　　蘋果還受到另一種力，由於蘋果受到萬有引力，還會與地球自轉一起旋轉，因此也需考慮蘋果的離心力。然而，蘋果的離心力與萬有引力相較，小到可以忽略，因此我們可以認為**蘋果與地球間的重力，大約等於萬有引力**。我們在地面上觀察蘋果從樹上掉下來的運動，看到的是離開樹枝的蘋果，因為重力作用而往地面掉落。

　　蘋果與地球的例子告訴我們，兩個物體間互相有力的作用，稱為力的**交互作用**。地球的重力作用空間，稱為**地球的重力場**，而在重力場中，物體規律交互作用所形成的集合稱為**慣性座標系。我們都生活在地球的重力場與慣性座標系之中**。

萬有引力與離心力

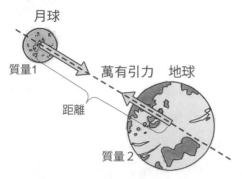

隨著（質量1與質量2）變大、
距離變近，萬有引力也變大

離心力是旋轉運動時
物體受到向外側的力

蘋果與地球的交互作用

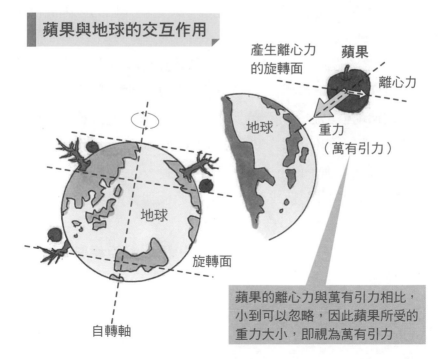

蘋果的離心力與萬有引力相比，
小到可以忽略，因此蘋果所受的
重力大小，即視為萬有引力

書桌上的書所受到的力
——力的作用，作用力與反作用力

　　力的交互作用常見的例子：一本放在書桌上的書。書受到重力，書對書桌施予與重力同方向**鉛直**向下的力。而書桌施予書相同的反方向力，以支撐書的重量。這是存在於書與書桌之間的交互作用，**永遠成對發生的力。物體 1 對物體 2 施予作用力，而物體 2 也會對物體 1 施予反方向的力，形成作用力與反作用力關係。**

　　在此，「鉛直」也可以「垂直」替換，但垂直主要在強調線與面交叉 90 度。而表示與水平面垂直的重力方向，我們用「鉛直」來表示。在這個例子中，書對書桌施予的力，稱為作用力，但實際上作用力與反作用力成對存在，我們可以任意把其一設定為作用力，因此也可想成書桌對書本施予作用力。

　　1-4 節中電梯的例子，可看成是電梯的地板與人之間的交互作用。停止中的電梯，地板對人所施予的向上作用力，與人所受重力大小相同。人對電梯地板也施予向下的反作用力。電梯上升一瞬間，地板向人施予比重力更大的作用力，人也對地板施予同等的反作用力。下降一瞬間，地板向人施予比重力更小的作用力，人也對地板施予同等的反作用力。因電梯的上升或下降，會使地板與人的交互作用發生變化，因此會覺得好像體重也發生了變化。

　　兩個物體間的交互作用，**不論靜止或運動，會互相形成作用力與反作用力關係。**

放在書桌上的書

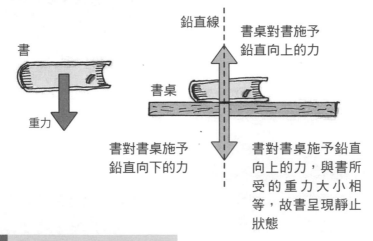

鉛直線

書桌對書施予
鉛直向上的力

書

書桌

重力

書對書桌施予
鉛直向下的力

書對書桌施予鉛直
向上的力，與書所
受 的 重 力 大 小 相
等，故書呈現靜止
狀態

電梯與人的交互作用

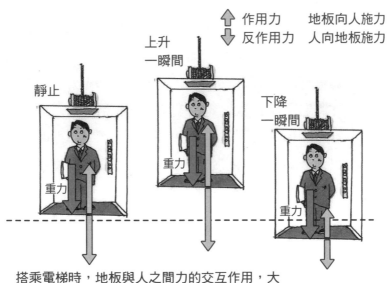

⬆ 作用力　地板向人施力
⬇ 反作用力　人向地板施力

上升
一瞬間

靜止

下降
一瞬間

重力

重力

重力

搭乘電梯時，地板與人之間力的交互作用，大
小發生變化，使人覺得好像體重也發生變化。

摩擦力是在物體接觸面之間產生的相對運動

　　當我們欲推動放置在地板上的重物，使重物開始運動的瞬間，需要比較大的力，重物動了以後，稍微減少一點力，重物也能繼續運動，表示重物與地板的接觸面上有**摩擦力**的作用，可以理解為「物體具有阻止運動的力，造成物體推動瞬間的摩擦力，較運動進行時的摩擦力為大」。我們都有過這樣的經驗，由於推動較重的重物需要較大的力，可見較重的物體會產生較大的摩擦力。

　　摩擦是物體接觸面之間所產生的相對運動，**發生於接觸面的抵抗運動現象**，這個抵抗力稱為**摩擦力**。摩擦的原因是因為物體接觸面不平滑，產生了力學上的抵抗力，以及接觸物體表面的分子之間的**分子間應力**等。

　　這裡讓我們想像一下，兩個表面不平滑的物體壓在一起。由於接觸面互相磨合，產生了抵抗力，因而造成摩擦力。兩個互相磨合的物體，同時施加垂直向下壓力，使摩擦力增大。接下來，我們暫時不推物體，兩個物體之間沒有運動，此時因缺少欲克服不平滑表面的力，所以摩擦力不會發生。在這個例子中，物體不平滑的程度與接觸面積的大小變化，可推論分子間的應力變化。總而言之，**當兩物體的接觸面之間發生相對運動，運動面受到垂直的力，此時會產生摩擦力**。

接觸面產生相對運動

開始移動　　　　　　　　　移動中

推力　　　　　　　　較小的力

摩擦力　　　　　　　較小的摩擦力

物體開始移動所需要的力最大，移動後力變小

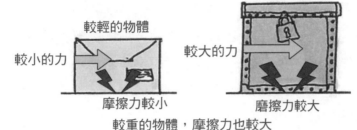

較重的物體

較輕的物體

較小的力　　　　較大的力

摩擦力較小　　　　磨擦力較大

較重的物體，摩擦力也較大

關於摩擦現象

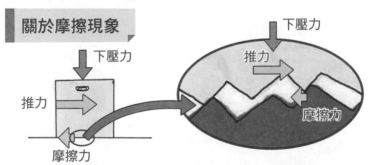

下壓力

推力

下壓力

推力

摩擦力

摩擦力

為了克服物體表面的不平滑而產生的抵抗力，就是摩擦力

下壓力增大

需要更大的力

摩擦力變大

下壓力變大，摩擦力也變大

靜止

靜止

若接觸面沒有相對運動，則
不產生磨擦力

描述物體的運動
——質點與座標系

在力學裡面談的**運動**，是指**物體的位置隨著時間而發生變化**。位置的變化與大小，稱為**位移**。一般投棒球或踢足球的時候，若不考慮風等其他因素影響，球會自然地運動，在力學稱為理想狀態。

討論**物體的運動**，為了避免物體的大小或形狀造成干擾，我們會假想一個代表物體所有質量集中的**質點**，來簡化物體的運動。

例如可在平面上利用直角相交的兩條軸，描述物體質點的軌跡，記錄運動過程。用此方法則能夠記錄平面運動。若再新增一軸，與上述兩軸垂直，則可以描述空間的質點運動。這種觀察運動過程的系統，稱為**座標系**。

描述一個運動需要先決定座標系，觀察質點隨時間變化的位移。例如右下圖電車中的 A 先生，以及站在平交道等待電車通過的 B 女士，兩者互相觀察對方的運動狀態。這裡有兩位觀察者，一個是隨著電車移動 A 先生的座標系，另一個是站在地上 B 女士的座標系，分屬於兩個不同的座標系。

從 A 先生角度看 B 女士，B 女士看起來是以電車的速度，朝著電車行進的相反方向而運動。另一方面從 B 女士角度看 A 先生，A 先生看起來是以電車的速度朝電車行進方向而運動。這是因為做相對運動的 A 先生與 B 女士，以各人不同的座標系觀察對方運動的狀態。

球與質點的運動

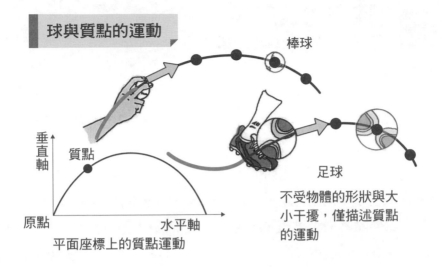

棒球

足球

垂直軸

質點

原點

水平軸

平面座標上的質點運動

不受物體的形狀與大小干擾，僅描述質點的運動

運動的座標系

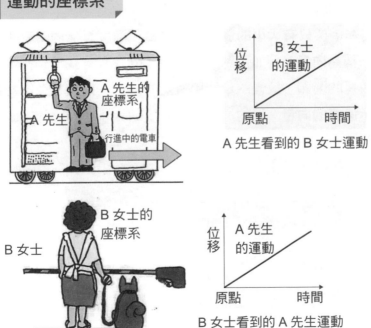

A 先生的座標系

A 先生

行進中的電車

B 女士的運動

位移

原點

時間

A 先生看到的 B 女士運動

B 女士的座標系

B 女士

A 先生的運動

位移

原點

時間

B 女士看到的 A 先生運動

A 先生與 B 女士以不同的座標系，觀察對方的運動狀態

速率與速度
——純量與向量

　　討論物體運動時，容易混淆的是速率和速度的差異。**速率只有大小**，而**速度具有大小與方向**。此處的**大小是指每單位時間移動的量，方向是指行進路徑方向**。行進**方向與朝向**是不同的，必須分別思考。水平方向的運動，需標示與水平線平行的路徑，來表示運動狀態，例如**水平向右、水平向左**。以下我們舉例來說明速率與速度的差異。

　　「颱風伴隨著最大風速 25m（25m/s）的暴風雨，朝東北方以平均時速 30km（30km/h）前進」這樣的颱風訊息，25m/s 代表風勢的大小，30km/h **代表行進的速率**。朝東北方 30km/hr **代表行進速率加方向，也就是速度**。

　　像速率這樣只有大小的量，稱為純量，速度這樣**同時有大小與方向的量，稱為向量**。例如畫圖以表示車子的移動，我們經常於較快的車使用較長的箭頭，較慢的車使用較短的箭頭。向量也以箭頭做為標示。表示**速度的向量**，線的長度代表速度的大小，箭頭的方向代表運動的方向。

　　接著介紹座標軸上的方向標示。可將 1m/s 水平向右移動的物體 A，方向設為 +（正），以 2m/s 水平向左移動的物體 B，方向設為 −（負）。如此，正負符號表示方向相反。

速率與速度

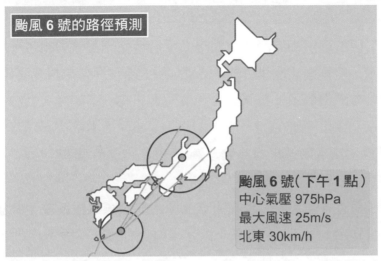

颱風 6 號的路徑預測

颱風 6 號（下午 1 點）
中心氣壓 975hPa
最大風速 25m/s
北東 30km/h

最大風速代表風勢的大小，北東 30km/h 是一個具有方向及速率的速度

向量的標示法

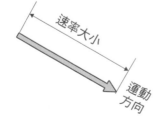

2m/秒

1m/秒

我們於日常生活中習慣將運動速率較快的物體用較長的箭頭來標示，較慢的物體則以較短的箭頭來標示。

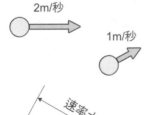

速率大小

運動方向

速度的向量
・ 箭頭長度代表速率大小
・ 箭頭方向代表運動方向

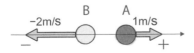

B　　A

-2m/s　　　　1m/s

−　　　　　　　+

位於同一直線、方向相反的向量，可以正負符號區分

測量的規定
──物理量與單位

為了便於理解，前面在說明時盡量避免使用記號與單位，但為了正確測量，能夠靈活地使用測量結果，設定單位將帶來很多便利。

假設有兩根棍子，我們說 A 比 B「長一些」不如說 A 比 B「長了2cm」，更能夠正確地傳達比較的結果。長度、質量、力、速度等，能夠定量標示測量的結果稱為**物理量**，如同「2cm」同時包含了「表示大小的數字」與「表示長短的單位」。

物理量有各種不同，現在國際上通用的**國際單位系統（SI 單位）**為「長度：公尺（m）」「質量：公斤（kg）」「時間：秒（s）」「電流：安培（A）」「溫度：克耳文（K）」「物質量：莫耳（mol）」「照度：燭光（cd）」一共七個基本單位。

例如速度 5m/s 表示「每單位時間（秒）的位移（m）」，透過**基本單位組合能夠表示各種現象**。SI 基本單位所延伸的單位，稱為**導出單位**。其中與力學相關的有「力：牛頓（N）」「壓力：帕斯卡（Pa）」「能量 ‧ 功：焦耳（J）」「功率：瓦特（W）」等等，這些具有**固定名稱的導出單位**有特別的記號代表。

SI 單位所表示的數字位數非常小或非常大的時候，會在基本單位的前面，加上 10 的整數倍數，例如質量的基本單位 kg 的 k。物理量以顯示大小的數字與顯示的單位一起成對標記，極小或極大的值則可另外加上**接頭語**，或稱前綴、詞冠，如 1000Pa 可寫成 1 kPa。

物理量與SI單位

● 物理量的標示

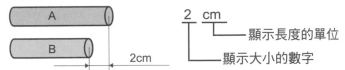

顯示長度的單位

顯示大小的數字

● SI 單位的七個基本單位

物理量	名稱	符號
長度	公尺	m
質量	公斤	kg
時間	秒	s
電流	安培	A

物理量	名稱	符號
溫度	克耳文	K
物質量	莫耳	mol
照度	燭光	cd

導出單位與接頭語

● 具有固定名稱的導出單位

物理量	名稱	符號	定義
力	能量・功	N	kgm/s^2
牛頓	焦耳	Pa	N/m^2
壓力	功率	J	N・m
帕斯卡	瓦特	W	J/s

● 接頭語的範例

倍數	接頭語	符號
10^{-1}	分	d
10^{-2}	厘	c
10^{-3}	毫	m
10^{-6}	微	μ
10^{-9}	奈	n
10^{-12}	皮	p

倍數	接頭語	符號
10^1	十	da
10^2	百	h
10^3	千	k
10^6	百萬	M
10^9	吉	G
10^{12}	拍	T

跟孩子玩投球的密訣
——拋球運動

　　跟孩子玩投球，要玩得順手，必須投出容易讓孩子接住的球。密訣在於，要將球往斜上方投去。讓我們思考這件事情的理由。

　　投出去的球到達對方手上之前，球會受到重力的作用而不斷向鉛直方向落下。以較大的力氣投出較快的球，鉛直落下距離則變小。相反的若投出較慢的球，在球抵達對方手上之前所花費的時間較多，球鉛直落下距離則變大。若能事先掌握球落下的距離，可用較小的力，向斜上方拋出，孩子容易接到這樣的慢球。

　　在上面的說明中，球的速度曖昧不明。讓我們用力學重新思考。運動中物體的速率，**為運動路徑切線方向的速度大小**。在此，假設球在與地面垂直的平面作運動，球的水平方向設為 x 軸、高度方向設為 y 軸。球的運動呈現弧型，球拋出的位置設為❶、球路徑的最高點設為❷、球被接到的位置設為❸。

　　第 2 章中會進一步詳細說明，球的切線方向的速度，可分解為 x 軸方向與 y 軸方向。位置❶球向斜上方拋出的 x 軸方向速度，直至位置❸球被接到為止的速度，均設為一定。y 軸方向是球向上拋出的運動，升高至❷最高點，到降下至❸被接到。位置❸球速為 x 軸方向與 y 軸方向的速度合成。總而言之，球向斜上方拋出，一直到接到球，如果時間越長，就越容易接到球。**球拋出的速度可以視需求自由分解與合成**。

向斜上方拋球，則容易接到

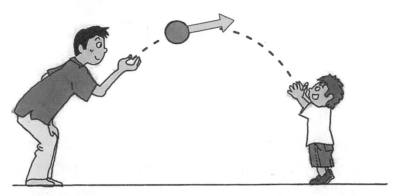

球向斜上方拋出，比向水平方向拋出，來得容易接到

將速度分解與合成

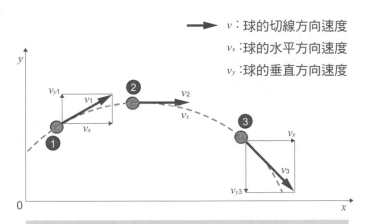

v：球的切線方向速度
v_x：球的水平方向速度
v_y：球的垂直方向速度

- 球速為切線方向的速度大小
- 拋出的球速，取決於水平方向的速度
- 球往上到達最高點，在高度方向為鉛直上拋的運動
- 球速度隨時間而變化

向量的表示法與運用

　　力為向量，以箭頭標示。箭頭的長度代表**力的大小**，箭頭的方向代表**力的方向**，箭頭的起點代表**作用點**，大小、方向、作用點稱為力的三要素。此外，箭頭的線段代表**力的作用線**。

　　再者，由於作用力與反作用力，某一力與其反方向的力必定成對。但是通常的情況下，只會畫施力的向量，並不畫反作用力的向量。這是為什麼呢？如右上圖，手與箱子分別是不同的物體，而我們只看箱子的運動。

　　第 3 章將會進一步說明，不過在此以右下圖吊掛兩個砝碼的滑輪為例，說明向量的運用。

　　重 1N（牛頓）與 2N 的兩個砝碼間以懸臂連結，支點 P 用釘子固定於天花板。在此不考慮懸臂與釘的重量。**砝碼總重量可以向量平移來計算**，得結果為鉛直向下 3N，而釘子位置則產生相等的反作用力，對 P 點施予鉛直向上的力 3N，將砝碼吊住。

　　兩個砝碼以 P 為支點，作用力互為反方向，此時會產生**力矩**。若兩個砝碼產生的力矩彼此抵銷，則達成平衡，懸臂不動。**力矩可以支點 P 至向量作用線的垂直長度與重量的乘積求得**。但力矩與懸臂的形狀無關，我們可以想成向量於作用線上移動，從支點起的垂直長度，可以求得力矩。

　　關於力的合成，將力的三要素畫成向量，將向量沿著作用線平行移動即可求解。

推箱子的向量表示法

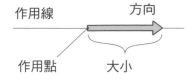

作用線　　　　　方向

作用點　　　大小

大小，方向，作用點之三
要素之外，箭頭線顯示作
用線這件事情請牢記在心

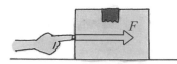

F

用手指推動箱子時的一般
向量圖示法

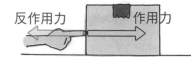

反作用力　　　作用力

僅顯示對箱子施力的向
量，是因為僅著眼於箱
子的運動

向量的運用

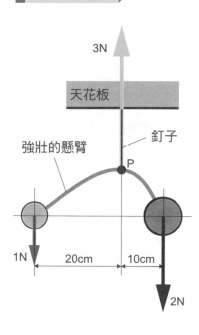

3N

天花板

強壯的懸臂

釘子

P

1N

20cm　10cm

2N

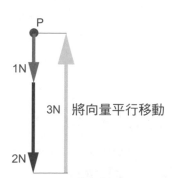

P

1N

3N　將向量平行移動

2N

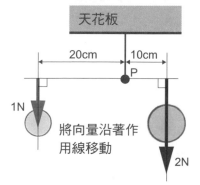

天花板

20cm　10cm

P

1N

將向量沿著作
用線移動

2N

力與力矩平衡
——施力在剛體上

　　隨著對物體施予力的方式不同，物體也會產生各種不同的移動方式。但是，當物體受力而變形，就無法只討論物體的運動了。故本書在討論物體的運動時，我們設定物體為受力也不會產生體積變化或形變，**稱做剛體的假想物體**。一般而言，討論牛頓力學時均將物體視為剛體。

　　水平推動放置於地上的板子，由於力的作用線與板子中心有距離，將使板子產生旋轉，使板子旋轉的效果稱為**力矩**。

　　受到力而運動的剛體，以下列兩個條件決定。

● 若施於剛體的合力為零，則剛體不移動
● 若施於剛體的合力矩為零，則剛體不旋轉

　　合力指兩個以上的力所合成之力。

　　計算力矩的大小，可設定任意的點為基準，計算某點至力的作用線的最小距離，與力大小的乘積。任意的點可為旋轉中心點或物體的重心。物體各質點的中心，亦稱為**質量中心或質心**。各質點所受重力的合力作用點，則稱為**重心**。

　　右下圖討論施於剛體的力。若向右的力為正（＋）、以重心 G 為基準、向左旋轉的力矩為正（＋）。①力 F 與作用線位在重心，此時沒有力矩作用（作用線的最短距離為零），物體僅向右移動。②兩個力反方向作用在同一條作用線上，力與力矩皆互相抵銷，故剛體靜止。③力 F 與力的作用線離開物體的重心，產生力矩，故剛體順時針旋轉，同時也向右移動。

施力於物體

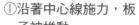

①沿著中心線施力，板
　子被推動

②沿著直線施予同樣
　大小，方向相反的
　力，則板子不移動

③離開中心線施予一
　力，則板子旋轉

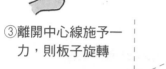

使物體旋轉的效果
稱為力矩

施力於剛體

①

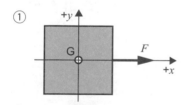

力 F ⟶ 移動
力矩零 ⟶ 不旋轉

● 向右移動

②

力矩零 ⟶ 不移動

合力零 ⟶ 不移動
合力矩零 ⟶ 不旋轉

● 靜止

③

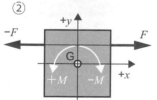

力 F ⟶ 移動
力矩 $-M$ ⟶ 順時針旋轉

● 順時針旋轉，同時也向右移動

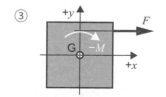

作功使物體移動

　　功這個名詞，經常在我們日常生活中用到。做為力學名詞的功，與「需要用力的工作」意義非常接近。

　　在力學裡，**功表示對一物體施力使其沿著施力的方向移動**。用手指施予 F 的力，使物體沿著力的方向移動位移 s，功的計算為 $W = F \cdot s$，意思是**手指對物體作功**，或是**物體受到手指作的功**。

　　雖然作功可使物體移動，但即使我們很用力推大樓的牆壁，恐怕大樓的牆壁是一動也不動，因移動位移 $s = 0$，功 $W = F \times 0 = 0$。也就是不論我們對大樓的牆壁施予多大的力，牆壁都不會移動，作功則為零。功為純量，單位為 $W = F \cdot s$ 或 N・m（牛頓公尺），一般我們標示為 SI 單位固定名稱的導出單位 J（焦耳）。

　　既然我們已經了解功的定義，下面要說明功如何作用的呢？

　　對以速度 v_0 運動中的物體，施予與運動方向相反的力 F，使物體減速至速度 v。這個時候，若以物體運動方向為正，F 為阻止物體運動的方向，因此標記為 $-F$，功 $= -F \cdot s$。也就是說，對一物體作與物體運動呈反方向的功 W，稱為作**負功**。如同我們對腳踏車踩剎車，此動作對於腳踏車的運動為負功。

　　因此，沿著力的方向讓物體運動的功，稱為正功，阻止物體運動方向施的力，稱為負功。

功是什麼

功＝力的大小 × 移動位移

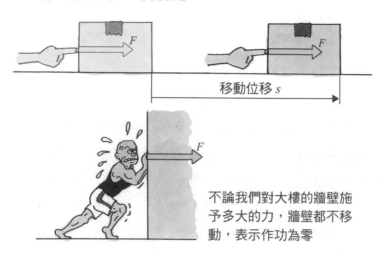

不論我們對大樓的牆壁施
予多大的力，牆壁都不移
動，表示作功為零

負功

負功 = 施以與運動方向相反的力，其大小 x 移動位移

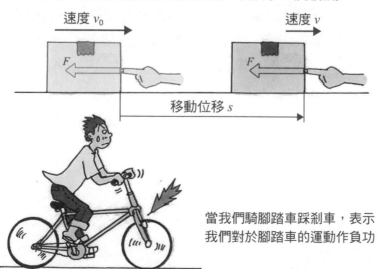

當我們騎腳踏車踩剎車，表示
我們對於腳踏車的運動作負功

能量是作功的能力
——能量的形式和能量守恆

在力學裡，**定義能量為作功的能力**。這裡作功的能力是指什麼呢？

手握鐵球，對準已經插在木板內的釘子頭，舉起至某一高度後放手，讓鐵球落下與釘子碰撞，結果釘子被完全釘入木板內。透過這一連串的動作，我們來探討鐵球的運動，**鐵球被舉起，有作功，接著落下，作功將釘子釘入**。也就是說，鐵球被舉起直到碰撞釘子的前一刻為止，鐵球的狀態是「能夠作功，但實際上未作功」。能夠但是不作，這代表具有作功的能力，亦即**能量**。

位於高度 h 的物體具有的能量，稱為**位能 U**，位能大小以物體的重量乘以高度表示，與功有相同的單位 J（焦耳）。位於同樣高度，質量 $2m$ 的鐵球，位能是質量 m 鐵球的兩倍。鐵球落下，則高度減少，位能也減少。但是，在高度 h 位置靜止速度 $v_0 = 0$ 的鐵球，落下時位能減少，速度 v 卻增加。運動中的物體具有的能量，稱為**動能 T**，位能減少的部分轉換成動能。高度 h 變為 0 時，速度也達到最大速度 v_1，鐵球於高度 h 時所具有的位能，在 h 等於 0 時全部轉換為動能。這裡的位能與動能的總和稱為**力學能**。由於落下的鐵球，其位能減少的部分轉換成動能，能量的總和並無變化，此為力學的**能量守恆定律**。

作功的能力

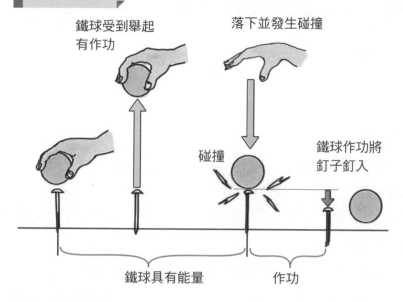

鐵球受到舉起
有作功

落下並發生碰撞

碰撞

鐵球作功將
釘子釘入

鐵球具有能量　作功

力學的能量

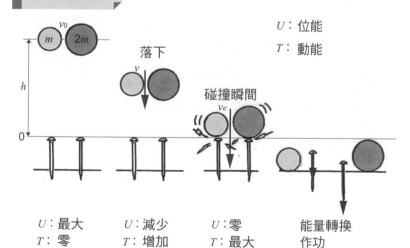

U：位能

T：動能

v_0

m　$2m$

落下

v

h

碰撞瞬間

ve

0

U：最大
T：零

U：減少
T：增加

U：零
T：最大

能量轉換
作功

隨著鐵球落下，位能減少而動能增加，碰撞到釘子的瞬間
將全部的能量轉移到釘子上，符合能量守恆定律。

改變物體運動狀態的動量
——動量守恆定律

　　前一節的動能，**表示運動中物體具有作功能力**。但是，就算不故意把運動狀態轉換成功，仍能夠表示運動的程度。例如同樣大小的鐵球與網球以同樣速度運動，鐵球的能量一定較大。打開水龍頭，則蓮蓬頭會甩動，水量越大，甩動程度越大。表示此激烈程度的物理量，稱為**動量**。**動量＝質量 × 速度，是一種向量**，單位為 kgm/s。

　　鐵球的質量較網球的質量大，因此若兩者以同樣速度運動，鐵球具有較大的動量，激烈程度也較強。水量越大，噴出的水質量與速度都增加，故動量也變大。

　　如同能量守恆，**運動中的物體具有的動量也會守恆**。如右下圖，以同樣質量的運動紅球與靜止藍球相互碰撞的例子來說明。兩個球位在不受外界作用影響的獨立慣性座標系。碰撞前的動量總和為紅球具有的 mv。由於使運動狀態變化必須要有力的作用，碰撞瞬間紅球對藍球施予作用力，同時紅球也受到藍球的反作用力。假設兩球完全彈性碰撞，碰撞瞬間紅球的能量將完全轉移到藍球上，因此碰撞後紅球靜止而藍球則繼續以速度 v 移動。碰撞後的動量總和為藍球具有的 mv，與碰撞前的動量相同。

　　動量將運動的激烈程度量化，在獨立的系統裡，即使運動發生變化，動量依然會守恆。這就是**動量守恆定律**。

運動的激烈程度

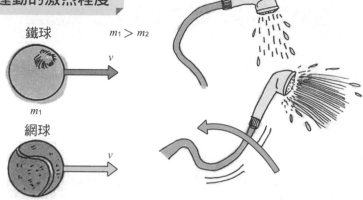

鐵球

$m_1 > m_2$

v

m_1

網球

v

m_2

兩球以同樣速度運動，質量較大的鐵球具有較大的動量，運動的激烈程度也較大

水量調高，淋浴蓮蓬頭的激烈程度也提高，甩動程度也變大

動量守恆

完全彈性碰撞，碰撞前，紅球速度為 v，藍球靜止

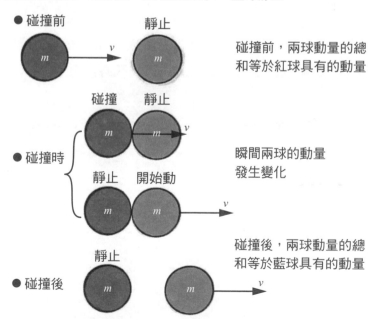

● 碰撞前

碰撞前 　 靜止

m　v　m

碰撞前，兩球動量的總和等於紅球具有的動量

● 碰撞時

碰撞 　 靜止

m　m　v

靜止 　 開始動

m　m　v

瞬間兩球的動量發生變化

● 碰撞後

靜止

m　　m　v

碰撞後，兩球動量的總和等於藍球具有的動量

日常生活中，到處都是力學實驗室

即使什麼都不做，只坐在椅子上，也有重力的作用。騎腳踏車前進，能體驗到地表上各種運動狀態。搭電梯，可以在短時間內體驗到重力變化的運動。去遊樂園搭乘最具代表性的雲霄飛車，還可以體驗到日常生活中很少見的力學現象。

第 1 章裡簡單地介紹本書的所有內容，以及與其相關聯，我們日常生活中體驗得到的事情。所以，幾乎沒有用到大家最害怕的公式。

可惜的是，第 2 章以後公式與計算就會跑出來。我建議各位實際起來動一動，親自去感受，或是騎腳踏車體驗各種運動的狀態。

將物體的運動狀態簡化，假設怎樣，則會變成怎樣，符合怎樣的定律，以進行思考。但簡化之後，可能會出現很多不符合現實狀態的理想假設，例如：不考慮摩擦、不考慮阻力。所以，若各位感到理想假設下的計算結果與現實不符，可以將該答案放大縮小，變成 1.5 倍、2 倍、1/2 倍、1/3 倍試試看。這種方法稱為修正，並非隨便湊數。

不妨找找橡皮筋、廚房的磅秤、腳踏車這些身邊的東西來做做實驗吧。

第 2 章

物體的運動

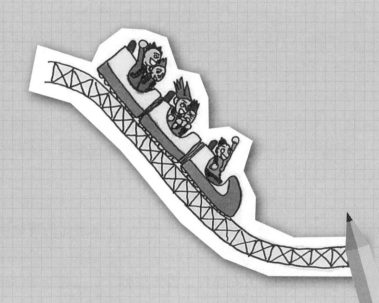

第2章我們會探討物體的運動。物體的運動需要力的作用，本章並非討論什麼樣的力作用會使物體運動，而是討論運動的狀況。將運動簡化為力學圖，介紹各種力學公式。

賽跑運動
——基本的平面運動

　　物體進行各式各樣的**運動**，第 2 章將探討**基本的平面運動**。**平面**指的是，繪製圖表的時候垂直交叉的兩條座標軸，可表示**水平面、鉛直面、斜面**。

　　假設你現在坐在觀眾席上為跑道上跑步的陸上競技選手加油（圖1）。原本靜止於起跑線的選手，在聽到槍聲後開始起跑。選手立刻開始加速，並暫時維持直線行進，於進入彎道之前減速，沿著彎道跑過半周圓形軌道。通過彎道後，以一定速度沿著長直線通過第二個彎道，接著進行最後衝刺，通過終點線。

　　讓我們稍為整理一下這個選手所做的運動吧（圖 2）。在圖 1 中，各位有注意到我們以**箭頭的長度表示選手的運動速度**嗎？箭頭的長度用以表現運動的速度，也就是說，使用**向量**表示速度。（圖 2 之①）。

　　運動的變化，可以用速率變化表示（②），但即使速率相同，也有**等速度運動**或**等速率運動**的差異。另一方面，**速率變化的運動稱為加速運動**，但不只是加速，減速也視為負（−）加速運動。③是等速度運動，是指**以一定的速率和方向進行之直線運動**。④是等速率運動，是指**速率一定但運動方向有變化的運動**。等速度運動與等速率運動的差異，在於運動方向是否固定。⑤是**等速率圓周運動**，是指在圓形軌道上進行的等速運動，特徵是運動方向時時在變化。

圖1 俯瞰跑步的運動選手

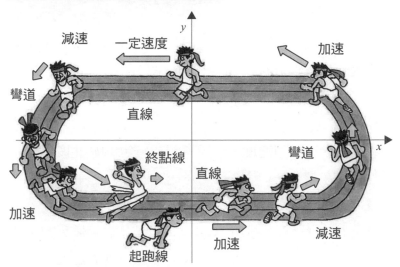

沿著跑道跑一圈的動作裡,包含了所有的平面運動

圖2 基本運動

①速度的向量

②速率變化是否為定值

速率為定值

速率為變化值

③等速度運動

速率一定、
方向一定

④等速率運動

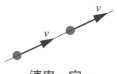

速率一定、
方向變化

⑤等速率圓周運動

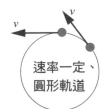

速率一定、
圓形軌道

速度的國際標準（**SI**）單位
——速度的單位與換算

　　不論運動的速率維持一定還是變化，或者運動的方向固定還是不固定，**速度** v 是移動**位移** s 除以所需要的**時間** t 求得。於 **SI 單位**中，長度為 m（公尺），時間為 s（秒），故速度的單位為 m/s（meter per second，公尺 / 秒）。

　　在牛頓力學中說到**速度**，一般會想成一定的等速度 v（圖 1）。然而，若速度發生變化，v 就是 s/t，在一定區間內是**平均速度**，某一時刻的速度則是**瞬時速度**。

　　在力學中進行計算時是用 SI 單位。但是，實際使用的速度單位，km/h（公里 / 小時）及 m/min（公尺 / 分鐘）等，是屬於 m/s 以外的單位，因此計算時必須換算 m/s。

　　舉例來說，將車子的計速器（圖 2 之①）換算成 m/s，$\dfrac{1\text{km}}{1\text{h}} = \dfrac{1000\text{m}}{3600\text{s}} = \dfrac{1}{3.6}$，故時速可乘以 $\dfrac{1}{3.6}$ 轉換為秒速。②輸送帶的情況 1min = 60s，故可將 (m/min) 除以 60 得到秒速。

　　很多人對 1min = 60s、1h = 60min = 3600s、1km = 1000m 的換算不是很清楚，建立算式以後，在計算過程發生了粗心失誤，結果還是算錯，請各位對於簡單的計算要特別注意。速度的基本單位為 m/s。

圖1　速度與單位

① 等速度 v

速度為定值

② 平均速度 v

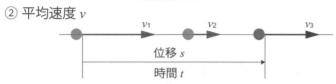

運動時速度發生變化，$\dfrac{s}{t}$ 為平均速度

速度 = $\dfrac{位移}{時間}$　　$v = \dfrac{s}{t}$　m/s　　Meter・Per・Second，讀成公尺 / 秒

圖2　速度的換算

① **54km/h 換算成 m/s**

車子的計速器

$54 \times \dfrac{1km}{1h} = 54 \times \dfrac{1000m}{3600s}$

$= 15\,[m/s]$

此換算為 $\dfrac{1}{3.6}$ 因此 km/h → m/s 除以 3.6 即可

② **120m/min 換算成 m/s**

120m/min

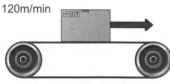

輸送帶與行李

1 分為 60 秒，故 m/min → m/s 除以 60 即可

$120 \times \dfrac{1m}{1min} = 120 \times \dfrac{1m}{60s}$

$= 2\,[m/s]$

等速度運動的範例

　　在直線上保持一定速度走或跑的運動,接近等速度運動。這裡有一個頭腦體操,一起來解答這個日常生活中的簡單等速度運動問題。

[例題]

　　B 先生在直線距離 20m 外呼叫 A 先生,A 先生隨即走向 B 先生。A 先生走了 10m 以後,B 呼叫「快一點!」因此再以 1.5 倍速度行走,從出發到抵達共花了 15 秒鐘,試求下列問題。

　　①整個區間的平均速度　②前半段 10m 的速度　③後半段 10m 花費的時間　④後半段的速度(以 km/h 表示)

[解題說明]

- 整個區間的平均速度為 v_A,即使過程中速度有變化,也還是用位移 / 時間來計算。

- 全部花費的時間 t 為 15s,前半段時間設為 t_1、後半段時間設為 t_2,
  $t = t_1 + t_2 = 15 \text{ (s)}$

- 前半速度 v 為 $t_1 = \dfrac{10}{v} \text{ (s)}$

- 後半為前半 1.5 倍的速度,故後半速度為 $1.5v$,則 $t_2 = \dfrac{10}{1.5v} \text{ (s)}$
  將這些數字跟式子,代入圖 1。

　　圖 2 的解答中,想要求②最後的分母未知數 v,很容易計算錯誤,請小心。④為 m/s 轉換成 km/h,與前面一節的 km/h 轉換為 m/s 的計算剛好相反,以秒速 ×3.6 即可。

　　從這個範例中,我們可以大致了解,一個人放輕鬆慢慢走的散步速度約為 1m/s = 3.6km/h。

圖**1** 例題

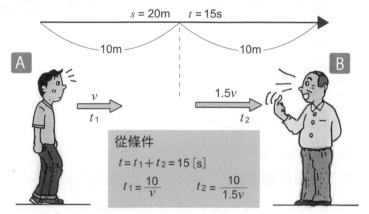

B 先生呼叫 A 先生過去，A 先生走到一半時加快速度

圖**2** 解答

①**整個區間的平均速度：**v_A

$$v_A = \frac{s}{t} = \frac{20}{15} \fallingdotseq 1.3 \, [\text{m/s}]$$

②**前半段 10m 的速度：**v　　　　※小心計算錯誤

$$t = t_1 + t_2 = \frac{10}{v} + \frac{10}{1.5v} = \frac{15+10}{1.5v} = \frac{25}{1.5v} = 15$$

$$\therefore v = \frac{25}{1.5 \times 15} = \frac{5}{4.5} \, [\text{m/s}] \, (\fallingdotseq 1.1 \, [\text{m/s}])$$

③**後半段 10m 所需的時間：**t_2　　　　即 $\frac{1}{v}$

$$t_2 = \frac{10}{1.5v} = \frac{10 \times 4.5}{1.5 \times 5} = 6 \, [\text{s}]$$

④**後半段速度（以 km/h 表示）**

1 m/s 等於3.6 km/h

$$= 1.5v = 1.5 \times \frac{5}{4.5} \times 3.6 = 6 \, [\text{km/h}]$$

圖像化解題
——等速度運動

力學的問題是何時何地發生什麼運動狀態的變化，可將其轉換為公式，更易於理解。但是在還不熟悉的時候，可能會猶豫要從哪裡下手。這個時候，可將問題轉換成圖表。將運動圖像化，對解題很有幫助。我們可將前頁範例轉換成右頁的圖表。一般來說，運動關係圖（又稱運動線圖）的橫軸設為時間、縱軸設為速度或位移。

①稱為**時間—位移關係圖**。前頁範例全部時間為 15 秒，但因不知前半與後半時間，大略分成 t_1 及 t_2。接著從原點 O 至 P 點、從 P 點至 Q 點分別以直線連結。若各位能發現此圖中**直線的斜率（位移／時間）即為速度**，則可知前半與後半的速度分別為圖中式(1) $v = \dfrac{10}{t_1}$，與式(2) $1.5v = \dfrac{10}{t_2}$ 這樣的關係。至此，算式完成。然後，「從式(1)與式(2)中同時消去共同項 v」則只剩下時間 (3) $t_1 = 1.5\,t_2$。

②稱為**時間—速度關係圖**。等速度運動中，速度為固定，故將 t_1 的速度與後半速度 $1.5v$ 於時間軸畫成平行線。在此各位可發現，長方形面積 s_1 與 s_2 為速度 × 時間，代表的意義為位移，前半段與後半段的位移為圖中的式(1) $10 = vt_1$ 與式(2) $10 = 1.5vt_2$。從兩個式子看來，前半與後半的時間比為(3) $t_1 = 1.5t_2$。

在①或②圖中，兩者的式子代入式(3)，均可求得 $2.5t_2 = 15$ 秒，故解答為 $t_2 = 6$ 秒。

將運動繪製成圖表

①時間－位移關係圖

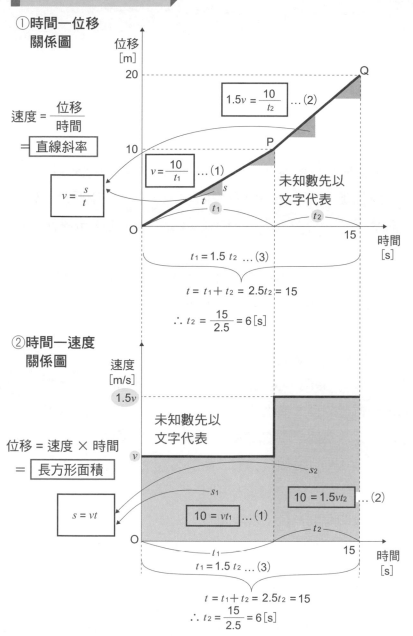

速度 = $\dfrac{位移}{時間}$

＝ 直線斜率

$v = \dfrac{s}{t}$

$1.5v = \dfrac{10}{t_2}$ …(2)

$v = \dfrac{10}{t_1}$ …(1)

未知數先以文字代表

$t_1 = 1.5\, t_2$ …(3)

$t = t_1 + t_2 = 2.5t_2 = 15$

$\therefore t_2 = \dfrac{15}{2.5} = 6\,[\text{s}]$

②時間－速度關係圖

位移 = 速度 × 時間

＝ 長方形面積

$s = vt$

未知數先以文字代表

$10 = vt_1$ …(1)

$10 = 1.5vt_2$ …(2)

$t_1 = 1.5\, t_2$ …(3)

$t = t_1 + t_2 = 2.5t_2 = 15$

$\therefore t_2 = \dfrac{15}{2.5} = 6\,[\text{s}]$

另類的解題思考
——如何活用作圖

　　從學生的答案中，偶爾會發現「咦，居然這樣思考啊！」有一些令人驚訝的解答方法。把 **2-3** 節的例題給學生看，在完全不使用 v、s、t 等符號的狀況下請他們解答。結果他們用什麼方法思考呢？在此將問題重述一次如下。

　　「B 先生在直線距離 20m 外呼叫 A 先生呼叫，A 先生隨即走向 B 先生。A 先生走了 10m 以後，B 呼叫「快一點！」因此以 1.5 倍速度行走，從出發到抵達共花了 15 秒鐘。請問 A 先生後半段快走走了幾秒？」

　　結果學生很快說出 6 秒的答案，他們如同圖 1 以寫筆記的方式簡單做除法計算即求得答案。我並沒有要求他們計算過程中必須有中間的算式，故為正解。所以，他們的解法是…

　　我們一起來依照學生的解法走一次：（參照圖 2）

①位移為速度 × 時間，也就是長方形的面積。以速度為長方形的寬、時間為長方形的長，畫出四角形。

②後半段的速度為前半段速度的 1.5 倍。

③速度為 1 及 1.5 的兩個長方形，由於位移相等，則時間為反比，即 1.5 與 1。兩個長方形其實面積相同。

④所以前半段的時間為後半段時間的 1.5 倍。

⑤故，整體花費的時間為後半段時間的 2.5 倍。

⑥因此，以整體的時間 15 秒除以 2.5，即可快速求得後半段所花的時間。

圖1　可能會有這樣的解法

全程所花的時間，為後半段所花時間的 2.5 倍，正解

圖2　另類的思考方式

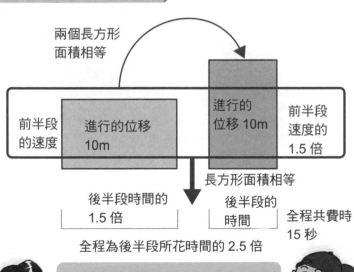

兩個長方形
面積相等

前半段
的速度

進行的位移
10m

進行的
位移 10m

前半段
速度的
1.5 倍

長方形面積相等

後半段時間的
1.5 倍

後半段的
時間

全程共費時
15 秒

全程為後半段所花時間的 2.5 倍

後半段的時間為 15秒 ÷ 2.5 ＝ 6秒

汽車發動、行駛到停止
——加速度運動

　　加速度運動為物體從高處落下、車子發動、加速和減速的運動，讓我們從牛頓力學的觀點來討論。

　　假設你開著車，於紅燈 P 點停止（圖 1）。路上交通順暢，視野很好，在直線 200 公尺的遠方，你看到一個停止標誌。當交通訊號變綠燈，你慢慢地加速，並以定速度行駛一段時間，再以某種程度減速，於停止標誌前停下車子。

　　圖 1 的時間—速度圖中，作圖表示剛剛的駕駛狀況。汽車從 P 點發動，進行加速運動，到 Q 點則作減速運動，兩者均屬於加速度運動。若是維持定速行駛的運動，則為前兩節已經說明過的等速度運動。

　　加速度運動，每單位時間的速度變化稱為**加速度** a。加速度 a，使用變化量∆定義，加速度為速度的變化量 Δv 除以時間的變化量 Δt，即為 $\Delta v / \Delta t$。加速度的單位為速度 m/s 除以時間 s，故為 m/s^2（meter per square second、公尺每秒平方）。

　　如圖 2 ①所示，從 P 點發動後的加速運動，稱為**正加速度運動**，一般而言會省略「正」的文字敘述，直接稱為加速度運動。如②中所示，Q 點之前的減速運動稱為**負加速度運動**。再者，測量某一點位置速度的變化，則是**瞬間加速度**，而以一定的加速度 a 持續加速的運動，稱為**等加速度運動**。等加速度運動的時間—速度圖，是斜直線圖。

圖1　汽車發動、行駛到停止

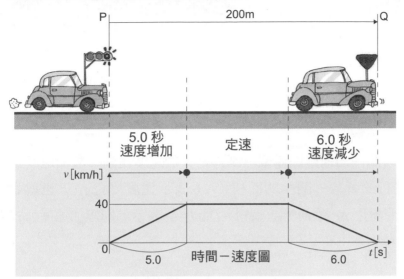

汽車從發動到停止的行駛狀況

圖2　加速度的正與負

①**速度增加**
　正加速度運動

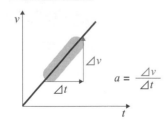

$$a = \frac{\Delta v}{\Delta t}$$

②**速度減少**
　負加速度運動

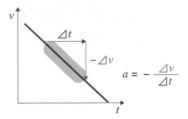

$$a = -\frac{\Delta v}{\Delta t}$$

$$加速度 = \frac{速度變化}{時間變化}$$

單位 $\dfrac{m/s}{s}$ ➡ $\dfrac{m}{s \times s}$ ➡ $\dfrac{m}{s^2}$

$$a = \frac{\Delta v}{\Delta t} \quad [m/s^2]$$

meter per square second、或是讀為公尺每秒平方

以等加速度行駛的車子
——等加速度運動公式

在等加速度運動中，有幾個對計算有幫助的公式。這裡不希望各位死背公式，而是透過圖解來讓各位了解，公式是如何形成的。

在等加速度運動中，有幾個假設前提條件為，初速度 v_0 的車輛，以一定的加速度 a 於 t 秒期間行駛了 s 位移，速度變成 v。

①**時間─加速度關係圖**，因為是等加速度運動，故加速度為與時間軸平行的直線。圖中的面積（A）表示速度變化 Δv，也就是 $v - v_0$，時間變化 Δt 從 $t=0$ 起，故以 t 而非 Δt 表示，則等加速度公式(1)為 $a = \dfrac{v - v_0}{t}$。

②**時間─位移關係圖**，圖②的長方形（B）面積為初速度 v 運動 t 秒移動的位移 s_1，圖②的三角形（C）面積為加速度 a 運動 t 秒移動的位移 s_2，將 s_1 與 s_2 相加。以公式表示位移 s，則為公式(3) $s = v_0 t + \dfrac{1}{2} at^2$。

等加速度運動的位移 s 為圖②時間─位移圖的總面積，不必分成 s_1、s_2 兩塊，可直接計算梯型面積。時間 t, 等加速度 a，梯型面積則可用 v_0、v、a 來表示。如此可得到位移 s 公式(4) $v^2 - v_0^2 = 2as$。

如同上述，公式(1)至公式(4)為**等加速度運動公式**。

等加速度運動圖與公式

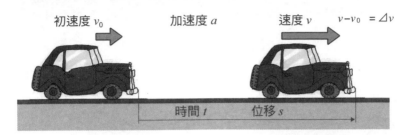

初速度 v_0　　加速度 a　　速度 v　　$v-v_0 = \varDelta v$

時間 t　位移 s

①時間－加速度關係圖

加速度

加速度 a 為定值

a

面積為速度變化

(A) $\varDelta v = at$

0　　　　　　　t　時間

②時間－速度關係圖

速度

v

at

(C)　$s_2 = \dfrac{1}{2}at^2$

v_0　　面積為位移

(B)　$s_1 = v_0t$　　v_0

0　　　　　　　t　時間

③時間－位移關係圖

位移

s

$\dfrac{1}{2}at^2$

s_2

v_0t

s_1

0　　　　　　　t　時間

等加速度運動的公式

$$a= \frac{\varDelta v}{t} = \frac{v-v_0}{t} \quad \cdots\cdots(1)$$

$$v = v_0 + at \quad \cdots\cdots(2)$$

$$s = v_0t + \frac{1}{2}at^2 \quad \cdots\cdots(3)$$

$$v^2 - v_0{}^2 = 2as \quad \cdots\cdots(4)$$

從圖②的梯形面積可得到公式(4)

從公式(1)或公式(2)可得到

$$t = \frac{v-v_0}{a}$$

s 為梯形面積，故

$$s = \frac{1}{2}\frac{v-v_0}{a}(v+v_0)$$

$$2as = (v-v_0)(v+v_0)$$

$$= v^2 - v_0{}^2$$

等加速度運動的計算，範例①
——公式解題

　　現在我們一起來，利用前一節的等加速度運動公式做練習，以 **2-6** 節汽車的例子。求解發動後 5.0 秒間的加速度與行駛位移、停止前 6.0 秒的加速度與行駛位移。

| 解題說明 |

· 設汽車發動後 5.0 秒為區間 1，停止前 6.0 秒為區間 2。

· 加速度分別設為 a_1、a_2，行駛位移為 s_1、s_2。

· 定速度 40km/h 換算成 $\dfrac{40}{3.6}$ m/s 再計算比較容易。

　　首先，求得各區間的加速度，再由加速度計算行駛位移。

　　(1)加速度從公式(1) $a = \dfrac{\Delta v}{t}$ 求得 a_1 約等於 2.2m/s^2、a_2 約等於 -1.9m/s^2。a_2 為減速度，故帶有負號。

　　(2)位移用(1)的加速度，代入公式(2) $s = v_0 t + \dfrac{1}{2} at^2$，求得 $s_1 = 27.5$m、s_2 約等於 32.5m。s_1 因初速度 v_0 為零，第一項消失。s_2 用減速前的初速度，這些計算是將小數點第二位四捨五入至小數點第一位的近似值。由於沒有看到什麼不方便的地方，取近似值的目的在於貼近感覺，故此處並沒有使用實際數字。

　　根據公式(2) at 等於 Δv，代入公式(3) $s = v_0 t + \dfrac{1}{2} at^2$ 不用近似值算看看。計算到最後的數字進行四捨五入，可得到行駛位移，s_1 約等於 27.8m、s_2 約等於 33.3m，與公式(2)的結果有一點差異。

　　若不限定用什麼方法求解，就會發生像這樣的誤差，這是可容許範圍的誤差。

圖1　範例

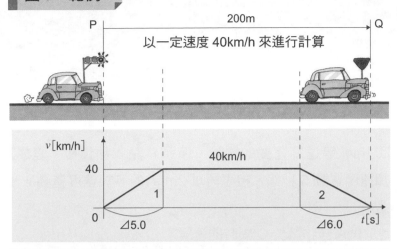

將一定速度 40km/h 換算成 m/s

$v = \dfrac{40}{3.6} \fallingdotseq 11.1\,[\text{m/s}]$ ※此為 $\dfrac{40}{3.6}$ 的近似值

(1)加速度

$a = \dfrac{\varDelta v}{t}$ ……（1）

負號代表減速

$a_1 = \dfrac{40}{3.6} \times \dfrac{1}{5.0} \fallingdotseq 2.2\,[\text{m/s}^2]$　　$a_2 = \dfrac{-40}{3.6} \times \dfrac{1}{6.0} \fallingdotseq -1.9\,[\text{m/s}^2]$

(2)用加速度求位移

$s = v_0 t + \dfrac{1}{2} a t^2$ ……（2）

$s_1 = \dfrac{1}{2} \times 2.2 \times 5.0^2 = 27.5\,[\text{m}]$　　$s_2 = \dfrac{40}{3.6} \times 6.0 + \dfrac{1}{2} \times (-1.9) \times 6.0^2$

使用近似值　　　　　　　　　　　　　　$\fallingdotseq 32.5\,[\text{m}]$　　使用近似值

(3)計算過程不使用近似值，而以速度變化直接求位移

$s = v_0 t + \dfrac{1}{2} \varDelta v t$ ……（3）　　※ 根據式(2) $at = \varDelta v$

$s_1 = \dfrac{1}{2} \times \dfrac{40}{3.6} \times 5.0 \fallingdotseq 27.8\,[\text{m}]$　　$s_2 = \dfrac{40}{3.6} \times 6.0 + \dfrac{1}{2} \times \dfrac{-40}{3.6} \times 6.0$

$\fallingdotseq 33.3\,[\text{m}]$

(2)與(3)的結果差異在於是否取近似值

等加速度運動的計算，範例② ——作圖解題

在前一節，我們就等速度運動與等加速度運動的基本計算做了說明。讓我們挑戰一下自己的實力，用下面的範例作一個復習。

範例

以 1m/s 等速度運動的物體，通過 P 點 4 秒鐘後，變成以 $1m/s^2$ 的等加速度運動 6 秒鐘，接著再以 $2m/s^2$ 的等加速度運動 4 秒鐘，通過 Q 點。

ㄅ）試求該物體於 Q 點時的速度。

ㄆ）試求 P 點至 Q 點的距離。

解題說明

先不要急著從文字著手解題，不妨一起來作圖吧。我們可以畫出右頁的時間—速度關係圖。速度 v_1、v_2 等變數名稱可自由選用，不過保守起見，這裡還是沿用正統的力學代號。

ㄅ）試求該物體於 Q 點時的速度。

如圖，可立即用式(1)求得 v_1，式(2)求得 v_2，這是應用等加速度運動公式 $v = v_0 + at$。(2)的 15m/s，即為答案。

ㄆ）試求 P 點至 Q 點的距離。

在時間—速度關係圖中，圖中的有色面積即為移動距離。①的長方型面積即為等速運動部分的位移，②的面積為 $1m/s^2$ 等加速度運動的位移，③的面積為最後一段區間的位移。②與③的面積可以梯形求得。最後的式(3)將①、②、③面積相加起來，則為 P 點至 Q 點的距離。

作圖

時間－速度關係圖

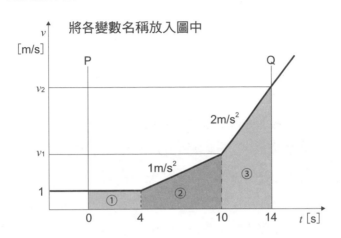

將各變數名稱放入圖中

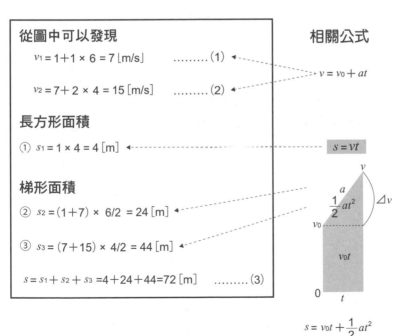

從圖中可以發現

$v_1 = 1 + 1 \times 6 = 7 \lfloor \text{m/s} \rfloor$ ………(1)

$v_2 = 7 + 2 \times 4 = 15 \, [\text{m/s}]$ ………(2)

相關公式

$v = v_0 + at$

長方形面積

① $s_1 = 1 \times 4 = 4 \, [\text{m}]$

$s = vt$

梯形面積

② $s_2 = (1 + 7) \times 6/2 = 24 \, [\text{m}]$

③ $s_3 = (7 + 15) \times 4/2 = 44 \, [\text{m}]$

$s = s_1 + s_2 + s_3 = 4 + 24 + 44 = 72 \, [\text{m}]$ ………(3)

$$s = v_0 t + \frac{1}{2} at^2$$

重力作用的垂直向下運動
——自由落體

　　將拿在手上的球放開，球將垂直向下落。這個現象在地表任何地方都會發生，力學稱此現象為「**自由落體**」意思是最自然的自由運動。實際上此運動發生於地球與球之間相互吸引的交互作用力，但在我們看來，是地球將球吸引過去。由於球受到重力，以等加速度落下，故此運動中的加速度為**重力加速度**。

　　重力加速度究竟有多大呢？各位在物理實驗中想必做過這個實驗，如圖 1 所示，一重物落下，每一定間隔時間測量落下高度。接著以落下高度對時間作圖（①）。從圖①求出每一定間隔時間的平均速度，即得時間—速度圖（②）。接下來用圖②算出單位時間的速度變化，即得加速度，並作時間—加速度圖（③）。理想狀況下，求得的加速度約為定值，即為重力加速度 g，9.8m/s^2。

　　圖 2 綜合整理自由落體運動常用的公式。由於自由落體運動為等加速度運動，可將 2-7 節的等加速度運動公式中的加速度 a 置換為重力加速度 g，位移 s 置換為高度 h，初速度 $v_0 = 0$。

　　公式(1) $v = gt$ 與公式(2) $h = \dfrac{1}{2} gt^2$ 把時間作為橫軸作圖，容易了解其關聯性，但公式(3) $v^2 = 2gh$ 及 $v = \sqrt{2gh}$ 並不包含時間變數，所以無法直接從作圖中求解。公式(3)必須對應到 2-7 節的時間—速度圖，與梯形面積的公式一起看。用公式(1)將 t 變形，並代入公式(2)即可得到公式(3)。

圖1　自由落體運動圖

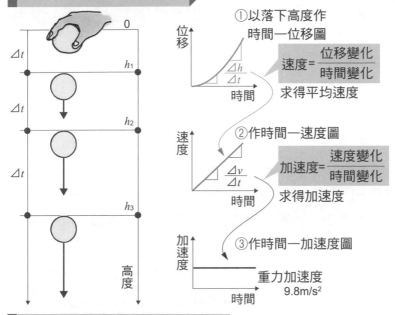

①以落下高度作
時間—位移圖

$$速度 = \frac{位移變化}{時間變化}$$

求得平均速度

②作時間—速度圖

$$加速度 = \frac{速度變化}{時間變化}$$

求得加速度

③作時間—加速度圖

重力加速度
9.8m/s²

圖2　自由落體運動的公式

利用等加速度運動公式，但加速度 a 置換
為重力加速度 g，位移 s 置換為高度 h，
初速度 $v_0 = 0$

$$v = gt \quad \cdots(1)$$

重力加速度
$g = 9.8\text{m/s}^2$

$$h = \frac{1}{2} gt^2 \quad \cdots(2)$$

$$v^2 = 2gh$$
或
$$v = \sqrt{2gh} \quad \cdots(3)$$

從公式(1)得到
$$t = \frac{v}{g} \quad \cdots(1)'$$
代入公式(2)
$$h = \frac{1}{2} gt^2 = \frac{1}{2} g \frac{v^2}{g^2} = \frac{v^2}{2g}$$
$$\therefore v^2 = 2gh$$
或同開根號
$$v = \sqrt{2gh}$$

鉛直下拋、鉛直上拋
──鉛直方向的加速度運動

這一節我們要討論用力將球沿鉛直方向拋的動作（圖1）。此運動使用 2-7 節的等加速度運動公式，將加速度 a 置換為重力加速度 g、距離 s 置換為高度 h、帶有向下初速度 v_0。可求得右頁上公式(1)、(2)、(3)的**鉛直下拋公式**。

圖 2 是以初速度 v_0 沿鉛直方向往上拋球的運動。若以上方為正，重力加速度向下，故向上投球的運動方向，與重力加速度方向相反，故重力加速度為負，把圖 1 的公式(1)、(2)、(3) **g 置換成 -g，即得鉛直上拋公式**。

向下投球的運動，在球碰觸到地面或障礙物之前，均為等加速度運動。然而，鉛直上拋的運動，在球抵達頂點後，即變為向下的自由落體運動。

「鉛直上拋運動，球抵達頂點前使用鉛直上拋公式，抵達頂點後使用自由落體公式」，這麼想並不是錯誤，但不如想成圖 2 的鉛直上拋公式(1) $v = v_0 - gt$，由於 gt 增加，頂點 v 變為 0，頂點之後 v 變為負值。此即為自由落體的向下速度。公式(2) $h = v_0t - \dfrac{1}{2} gt^2$ 中，h 隨著 gt 的增加而逐漸減少。h 最大時即為頂點，然後變成自由落體，故 h 減少。若繼續落下則 h 將變為負值。這裡 h 的負值，指的是比鉛直上拋投出球的位置還低。

圖1　鉛直下拋公式

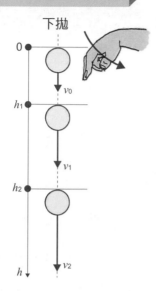

利用等加速度運動公式，將加速度 a 置換為重力加速度 g、位移 s 置換為高度 h

$$v = v_0 + gt \qquad \ldots(1)$$

$$h = v_0 t + \frac{1}{2} g t^2 \qquad \ldots(2)$$

$$v^2 - v_0^2 = 2gh \qquad \ldots(3)$$

圖2　鉛直上拋公式

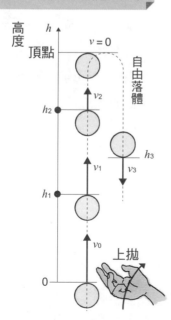

重力加速度與初速度方向相反，故為 $-g$

此公式於通過頂點後，可與自由落體運動通用

$$v = v_0 - gt \qquad \ldots(1)$$

$$h = v_0 t - \frac{1}{2} g t^2 \qquad \ldots(2)$$

$$v^2 - v_0^2 = -2gh \qquad \ldots(3)$$

鉛直拋體運動的練習
──練習運用公式

請運用前一節的鉛直上拋、鉛直下拋公式來試著解題。此處重力加速度 g 請代入 $10m/s^2$。

範例 1

如圖 1 所示，從公寓三樓 12m 高處，以初速度 8.0m/s 鉛直向下投球，請計算球到達地面的①時間與②當時的速度。

解題說明

此例題的條件，公式(1) $v = v_0 + gt$ 的 t 與 v 均為未知數。公式(2) $h = v_0t + \frac{1}{2} gt^2$ 僅有 t 為未知數，但 t 為平方，計算起來較為複雜。公式(3) $v^2 - v_0^2 = 2gh$ 未知數只有 v。故判斷先以公式(3)計算速度 v，再將答案代入公式(1)。請注意公式(3)與公式(1)的變化。平方根的計算若有計算機較為容易計算，若沒有計算機，下節亦會介紹徒手開根號。

範例 2

一個球，以初速度14m/s鉛直上拋，請計算①頂點高度、②抵達頂點所需時間、③上拋2秒後的速度、④此時的高度。

解題說明

上拋運動，頂點速度為零。①的頂點高度計算，可利用公式(3) $v^2 - V_0^2 = -2gh$ 變化較易計算。②抵達頂點所需時間使用公式(1) $v = v_0 - gt$ 變形計算。③速度利用公式(1)。④高度以公式(2) $h = v_0t - \frac{1}{2} gt^2$ 或公式(3)兩者選一均可。右頁解答範例為利用公式(3)的變化計算。

圖1 範例1詳解

鉛直上拋公式

$$v = v_0 + gt \quad \ldots (1)$$

$$h = v_0 t + \frac{1}{2} g t^2 \quad \ldots (2)$$

$$v^2 - v_0^2 = 2gh \quad \ldots (3)$$

$v_0 = 8.0\,\text{m/s}$

$h = 12\,\text{m}$

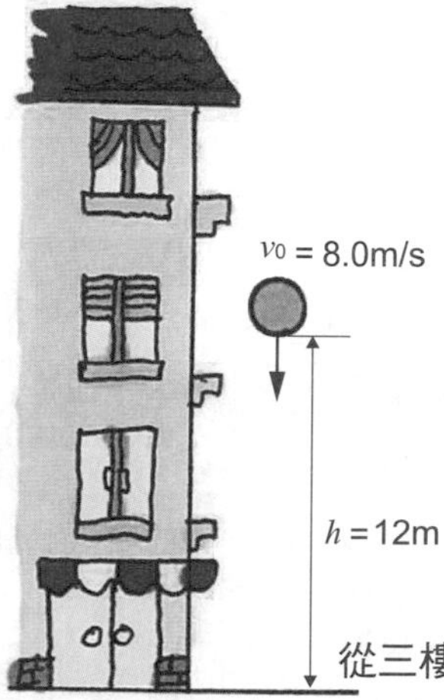

從三樓將球鉛直下拋

②從公式(3)變化

$$v = \sqrt{v_0^2 + 2gh}$$

$$= \sqrt{8^2 + 2 \times 10 \times 12}$$

$$= \sqrt{304}$$

$$\fallingdotseq 17\,[\text{m/s}]$$

①從公式(1)

$$t = \frac{v - v_0}{g}$$

$$= \frac{17 - 8}{10}$$

$$= 0.9\,[\text{s}]$$

圖2 範例2詳解

鉛直上拋公式

$$v = v_0 - gt \quad \ldots (1)$$

$$h = v_0 t - \frac{1}{2} g t^2 \quad \ldots (2)$$

$$v^2 - v_0^2 = -2gh \quad \ldots (3)$$

$v = 0$

$v_0 = 14\,\text{m/s}$

①從公式(3)變化

$$h = -\frac{v^2 - v_0^2}{2g}$$

$$= -\frac{0^2 - 14^2}{2 \times 10}$$

$$= 9.8\,[\text{m}]$$

②從公式(1)

$$t = \frac{v_0 - v}{g}$$

$$= \frac{14}{10}$$

$$= 1.4\,[\text{s}]$$

③從公式(1)

$$v = v_0 - gt$$

$$= 14 - 10 \times 2$$

$$= -6\,[\text{m/s}]$$

負號表示
落下速度

④從公式(3)

$$h = -\frac{v^2 - v_0^2}{2g} = -\frac{(-6)^2 - 14^2}{2 \times 10} = 8\,[\text{m}]$$

③與④通過頂點後為自由落體運動

徒手開根號
——直式開方法

　　目前的學校課程已經不教了，但在此我們要介紹能夠徒手計算、如同拼圖般有趣的**直式開方法**。學會以後說不定能在意想不到的地方派上用場喔。我們以前一節的速度計算「304 的平方根」為範例說明之。

　　右圖為計算的結果，看起來是不是很麻煩呢？事實上，直式開方法的計算過程相當單純，實際試著去解，將發現比想像中簡單。分成 A（主運算）與 B（副運算）兩個大區塊。

⑴首先準備。將數字 304 以每兩位一個區間的方式，分成小數點以上及小數點以下。因為 304 為整數，故加上 .0000。

⑵A 與 B 的○中，把平方之後小於 3 的數字放入，在這裡是「1」。將 1 放在根的最大位元處，亦即十位數位置。

⑶B 為加法計算 1 + 1 = 2，A 為 3 減去（1×1）= 3 −（1×1）= 2。

⑷A 的下一個兩位數 04 搬下來到「2」的旁邊，成為 204。

⑸A 與 B 的□裡，放入 2 □ × □ 為小於 204 的最大數字。在這裡是「7」，此為根的個位數。

　　然後回到⑶，B 相加結果 27 + 7 = 34，A 為 204 減去（27×7）即 204 − 189 = 15。

　　繼續計算⑷。重覆這種計算，直到小數點以下兩位數。只計算到小數點兩位數的原因是，再往下面的位數計算也沒有太大的數字意義。

　　兩位數兩個一組的○與□與△中，填入 0 至 9 的數字。等到大家學會了直式開方法，將能享受開根號的拼圖樂趣喔。

徒手開根號

2-12 節　範例 **1** 的速度

$v = \sqrt{v_0^2 + 2gh}$

$v = \sqrt{8^2 + 2 \times 10 \times 12}$

$= \sqrt{304}$

$\fallingdotseq 17\,[\text{m/s}]$

開根號看看

直式開方法

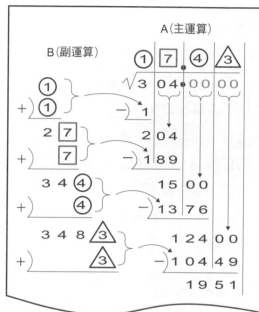

直式開方法的順序

⑴以小數點為中心將數字每兩位數
區分開來

$\sqrt{3\,0\,4}$

➡ 每兩位數做區分

⑵尋找○的平方為
小於 3 的最大數
字

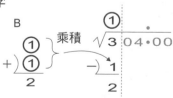

⑶B 為 1＋1 相加，A 為 3 減去
1×1

⑷A 下一步的兩
位數放到下面

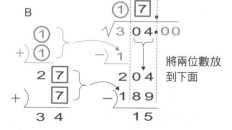

將兩位數放
到下面

⑸尋找 2 □ × □為小於 204 的最大數字

向上斜拋的球如何運動？
──斜向拋射運動

　　兩人彼此站在稍遠一點的距離，玩投球接球運動，由於預估球受重力會影響落下的高度，因此拋球時向斜上方拋，在力學中稱為**斜向拋射運動**。

　　如圖 **1** 所示。將球向斜上方拋出，球的運動會形成一拋物線軌道。上拋的角度稱作**仰角** θ，讓我們思考這個以初速度 v_0 拋出的物體（球）會進行怎樣的運動。在此不考慮空氣對物體運動的阻力。

　　解法的鐵則為，將斜拋運動**分解成水平方向與垂直方向**。如此一來，水平方向是等速度運動，垂直方向則是鉛直上拋運動。

　　我們以圖 **2** 來討論**斜向拋射運動**的公式。

　　①將初速度 v_0 代入公式(1)水平方向的速度 $v_{0x} = v_0 \cos \theta$ 與公式(2)垂直方向的速度 $v_{0y} = v_0 \sin \theta$。此為斜向拋射的重點。在此**三角函數** cos 與 sin 的出現可能讓一些人感到害怕。三角函數會在下節進一步說明，在此先說明①直角三角形的底邊／斜邊 $=\cos \theta$、高／斜邊 $=\sin \theta$。如此一來，即可變形為水平方向速度 v_{0x} 的公式，(1)與垂直方向速度 v_{0y} 的公式(2)。

　　②水平方向運動不受阻力，故速度為 v_{0x} 套入等速度運動公式，則得到(3) $v_x = v_{0x}$ 與(4) $x = v_{0x}t$。

　　③垂直方向為鉛直上拋運動，公式將 v_0 置換為 v_{0y}，則成為公式(5) $v_y = v_{0y} - gt$ 與公式(6) $y = v_{0y}t - \dfrac{1}{2}gt^2$，公式 $v_y{}^2 - v_{0y}{}^2 = -2gy$。

圖1　向上斜拋運動

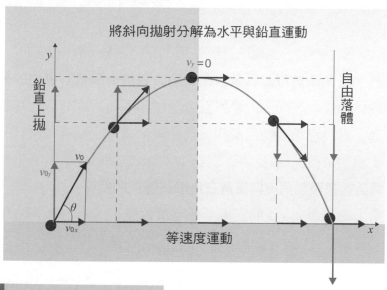

將斜向拋射分解為水平與鉛直運動

圖2　斜向拋射公式

①將仰角 θ 的初速度 v_0 分解為水平方向 v_{0x} 與垂直方向 v_{0y}

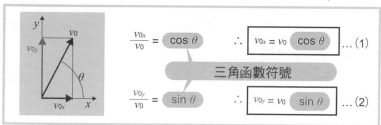

$$\frac{v_{0x}}{v_0} = \cos \theta \qquad \therefore \quad v_{0x} = v_0 \cos \theta \quad \dots (1)$$

三角函數符號

$$\frac{v_{0y}}{v_0} = \sin \theta \qquad \therefore \quad v_{0y} = v_0 \sin \theta \quad \dots (2)$$

②水平方向為等速度運動

$$v_x = v_{0x} \quad \dots (3)$$

$$x = v_{0x}t \quad \dots (4)$$

③垂直方向為鉛直上拋運動

$$v_y = v_{0y} - gt \quad \dots (5)$$

$$y = v_{0y}t - \frac{1}{2}gt^2 \quad \dots (6)$$

$$v_y{}^2 - v_{0y}{}^2 = -2gy \quad \dots (7)$$

認識三角函數
——三角函數基本介紹

在前一節中提到，速度的分解使用了三角函數 $\cos\theta$ 與 $\sin\theta$。我個人認為，**三角函數可能就是造成有些人對於力學感到害怕的最大原因。**三角函數在此書後面的章節也會陸續出現，故在此說明其基本特性。若為了計算而需要運用某些三角函數公式，也將會在用到的時候再進一步說明。

三角函數是表示角度與直角三角形三邊長的關係。

圖中①的半徑 $a=1$ 的圓形，稱為**單位圓**。從 a 的水平軸旋轉 θ 角，水平長度為 c、垂直長度為 b，則 $\sin\theta = \dfrac{b}{a}$、$\cos\theta = \dfrac{c}{a}$、$\tan\theta = \dfrac{b}{c}$，可求得各邊長的比例。以前的記憶方法如圖中所示，以 sin, cos, tan 的各邊與英文小寫書寫體的第一個字母形狀，與三角形重疊。

目前為止還沒有什麼問題，但像②中，若 θ 位置改變則必須注意。**sin θ 是從 θ 角的斜邊 a 寫到對邊 b，cos θ 是斜邊 a 寫到遴邊 c，tan θ 是鄰邊 c 寫到對邊 b。**

③利用直角三角形三邊長比，來表示 0° 到 90° 的三角函數值。tan 90° 為 0，不能做除法運算。

遇到三角函數，一開始請先畫圖，釐清需要考慮的邊為三角形的哪一個部分，這是應用三角函數的重點。

認識三角函數

①三角函數的基本介紹與記憶法

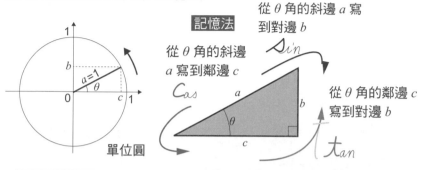

記憶法

從 θ 角的斜邊 a 寫到對邊 b

從 θ 角的斜邊 a 寫到鄰邊 c

從 θ 角的鄰邊 c 寫到對邊 b

單位圓

$$\sin \theta = \frac{b}{a} \qquad \cos \theta = \frac{c}{a} \qquad \tan \theta = \frac{b}{c} \qquad \tan \theta = \frac{\sin \theta}{\cos \theta}$$

②注意 θ 的位置

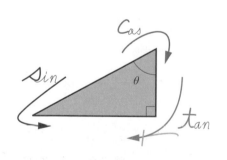

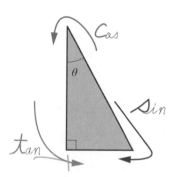

③常見的三角形邊長比

θ	$\sin \theta$	$\cos \theta$	$\tan \theta$
0°	0/1	1/1	0/1
30°	1/2	$\sqrt{3}$/2	1/$\sqrt{3}$
45°	1/$\sqrt{2}$	1/$\sqrt{2}$	1/1
60°	$\sqrt{3}$/2	1/2	$\sqrt{3}$/1
90°	1/1	0/1	分母為零無法計算

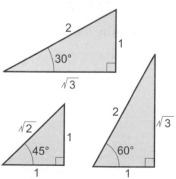

仰角45° 可拋球最遠
──斜向拋射範例解說

欲將一球盡量拋遠，若忽略空氣等對球造成阻礙的因子，則球能夠飛最遠的角度（仰角）為 45°，相信你可能也聽過這個答案。在此我們用斜向拋射公式來探討。

①如圖，設拋出點 O 與著地點 P 位於同一平面，必要條件如下：初速度 v_0、仰角 θ、高度 h，可達水平位移 s。將初速度分解為水平方向的 v_{0x} 與垂直方向的 v_{0y}。

②由 **2-14** 節的斜向拋射公式(4) $x = v_{0x}t$ 與公式(6) $y = v_{0y}t - \frac{1}{2}gt^2$，可計算水平位移公式(1) $s = v_0 \cos \theta \cdot t$，與求高度的公式(2) $h = v_0 \sin \theta \cdot t - \frac{1}{2}gt^2$。

抵達著地點 P 時，球的高度 h 為零。如此可知公式(2)的 h 為負值，可從公式(3) $t = \frac{2 v_0 \sin \theta}{g}$ 求出球的飛行時間 t。

公式(4)中，s 達到最大值的條件為 $\sin 2\theta = 1$，$2\theta = 90°$，故仰角 $\theta = 45°$ 時 s 會達最大值。

上述的解法，以④將 t 代入公式(1)，變形成公式(4)，使用到三角函數特有公式「**二倍角公式**」。二倍角的公式為，**當三角函數公式中含有兩種三角函數 sin θ 與 cos θ，可整理為僅有 sin θ 一種函數**，好處是可以將兩個未知數或變數整理成一個，計算較方便。

仰角 45° 可拋出最大距離

①探討斜拋最遠的仰角為何

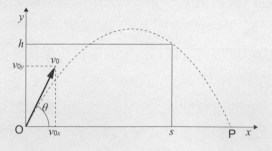

初速度 v_0

仰角 θ

高度 h

水平位移 s

$v_{0x} = v_0 \cos \theta$

$v_{0y} = v_0 \sin \theta$

②**水平位移與高度的公式**

$s = v_0 \cos \theta \cdot t$ ...(1)

$h = v_0 \sin \theta \cdot t - \dfrac{1}{2} g t^2$ ...(2)

③**球的飛行時間**

著地點 P 的 h = 0，
故從公式(2)

$0 = v_0 \sin \theta \cdot t - \dfrac{1}{2} g t^2$

$= v_0 \sin \theta - \dfrac{1}{2} g t$

$\therefore t = \dfrac{2 v_0 \sin \theta}{g}$ ...(3)

斜拋的飛行時間

④**求最大位移**

將(3)代入(1)

$s = v_0 \cos \theta \dfrac{2 v_0 \sin \theta}{g}$

$= \dfrac{v_0^2 \sin 2\theta}{g}$ ...(4)

同時有 sin 與 cos，故
使用「二倍角公式」
簡化為只有 sin

⑤**從公式(4)求仰角**

$\sin 2\theta = 1$ 時 s 達最大，
故 $2\theta = 90°$

$\therefore \theta = 45°$

sin 90°=1

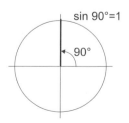

90°

二倍角公式

$\sin 2\theta = 2\sin \theta \cdot \cos \theta$ ◀

雲霄飛車的速度變化
——斜面的運動

在遊樂園極受歡迎的雲霄飛車，在以動力爬上最高處之後，接著仰賴重力以非常不可思議的速度繞來繞去，娛樂乘客。

由於軌道與地面的角度很大，越斜的地方速度也越快，因此得以滿足遊客追求冒險與恐怖的心理。

先不談心理層面，若軌道角度越大，速度越快，這件事想必有搭過的人都非常清楚。若請你以本書目前為止學到的力學來說明「軌道角度越大，速度越快」，你會如何說明呢？

我很想知道各位的答案，但這是一本書，我無法如願，故只能在右頁中寫出重點。我僅就重點解釋，細節希望由各位自己思考。

將圖中①的重力加速度 g 分解，求得沿斜面的加速度 a。為什麼不考慮與斜面呈直角方向的加速度呢？這是因為運動方向是沿著斜面行進。

①的斜面角度很大。也許有人在分解 g 時，對於角度 θ 的位置不清楚。請看②的簡圖。

從③與④可知，當 θ 越大，sin θ 也越大，故速度也越快。答案就是這麼簡單。

此外，⑤與速度並沒有關係，是為求在斜面上移動距離的公式。

雲霄飛車俯衝的運動

①分解重力加速度

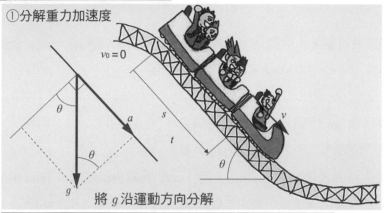

$v_0 = 0$

θ

a

s

t

v

θ

θ

g

將 g 沿運動方向分解

②若角度不易掌握，請先畫出簡圖

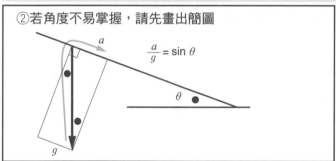

a

$\dfrac{a}{g} = \sin\theta$

θ

g

③求俯衝的加速度

$$\dfrac{a}{g} = \sin\theta \qquad \cdots(1)$$

$$\therefore a = \sin\theta \cdot g \qquad \cdots(2)$$

④從加速度可求
得滑行速度

$$v = at \qquad \cdots(3)$$

$$= \sin\theta \cdot gt \qquad \cdots(4)$$

⑤斜面上行進
的位移

$$s = \dfrac{1}{2}at^2 \qquad \cdots(5) \quad \text{或} \quad s = \dfrac{1}{2}vt \ \cdots(5)'$$

$$= \dfrac{1}{2}\sin\theta \cdot gt^2 \qquad \cdots(6)$$

速度與我們的感受

　　前文曾提到，人體對速度有所感受，前面我們提到過一般人走路速度換算 1m/s = 3.6 km/h。相較於這個數字…

● 氣象局參考的蒲福風級表，其中風力 1（0.3 ～ 1.5 m/s）對應的大小為「煙能表示風向，但風向標不轉動」。

● 一般走路的速度約為 4 km/h，而 1 m/s 為散步的速度。在日本的不動產販賣相關法規，規定走路的速度為 80 m/ 分 = 4.8 km/h。

● 依腳踏車種類不同，能輕鬆持續踩踏的速度約為 15 km/h = 4.2 m/s，若要維持平均速度 20km/h = 5.6 m/s 會稍嫌疲累。

● 我們在環境中能體驗到的較不尋常的例子，可以日本山梨縣富士急樂園的雲霄飛車 DODONPA 為例。官方發表的規格為，從起動到最高速度 172km/h = 47.8 m/s，只需 1.8 秒，最大加速度 4.25G（為重力加速度的 4.25 倍）。

　　牛頓力學的運動，在我們周圍環境中到處可見。大家不要錯過任何機會，不妨自己多換算看看。

第 3 章

力與運動

力是物體運動的起源。本章將探討力與運動的
關係。我們的日常生活中充滿了力與運動相關
的各種例子,例如電車、汽車、腳踏車等。讓
我們利用牛頓力學來探討力與運動!

自然界的四大基本作用力
——抵抗力來自電磁力

於第 1 章中我們曾經說過,「力會使物體與形狀產生變化」。這裡指的是**力對物體產生的效果**。我們也說過物體的重力或重量是「地球與物體的交互作用,也就是所謂的萬有引力」。這裡指的是**力的起源**。

如圖 1 之①所示,自然界中有四大基本作用力。包括剛剛提到的**重力**,所有的力均為相互作用的。在此概略地統整如下。

電磁力來自於帶電或磁的分子之間的吸引力或排斥力,產生之交互作用力,會造成**分子間作用力**。

弱作用力(弱力)相較於電磁力,是一種較小的交互作用力,作用於原子核內的微中子等粒子。

強作用力(強力)相較於電磁力,是一種較強大的交互作用力,也是使質子與中子形成原子核的力。

本書所討論的力,是以重力及電磁力為主。說到電磁力,經常有電與磁力相關的誤解。例如右頁②中,放在書桌上的書,有重力作用,產生書本對桌子下壓的力,並同時形成書本垂直向上推桌子的垂直抵抗力。為什麼桌子會產生**抵抗力**呢?

如圖 2 中的 **1**,桌子的分子,由於電磁力的分子間作用力,排列規則整齊。如 **2** 所示,書本會放在桌子上產生的壓力,會使桌子的分子排列受力而變形。如此一來**分子間作用力會想要恢復分子的排列**,於是產生抵抗力。

圖 1　自然界的力

①四大基本作用力

重力
　萬有引力

電磁力
　分子間作用力

弱作用力
　原子核內的粒子交換

強作用力
　形成原子核

②作用於桌上書本的重力

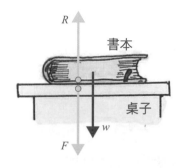

w：作用於書本的重力（重量）
F：書本對桌子施予的力
R：桌子對書本產生的垂直抵抗力

圖 2　電磁力造成的抵抗力

1　桌子的分子，由於電磁力作用，形成規則的排列順序

2　受力 F 時分子被擾亂，想要恢復原有的排列，故產生抵抗力 R

○ 分子　—— 分子間作用力

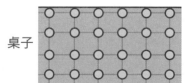

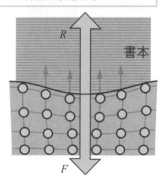

力的各種作用
——力的種類

前一節談到自然界具有四大基本力，屬於**力的起源**。在此我們將各種力的作用，以及接下來要討論的例子，統整於右圖中。

①**萬有引力**。作用於分開物體之間的力，也稱作**超距力**。相對於超距力，作用於接觸物體的力，稱為**接觸力**。

②物體受到外部施加的力，一般稱為「力」或「外力」。

③從天花板垂吊下來的繩索，其末端繫有重物，因此會產生拉力，稱為**張力**。圖中的張力，與地球作用於重物的重力，形成力的平衡。

④**浮力**。大小等於施加於物體所排開液體體積的重力，作用方向為鉛直向上。

⑤**摩擦力**。輪胎的旋轉對地面產生作用力，產生摩擦力，是一種與輪胎前進方向相反的力，作用於輪胎與地面的接觸面。摩擦力使車子可以行進。

⑥**彈力**。彈性物體產生形變，希望恢復到原來形狀，會產生彈力。此力的大小隨形變的大小而變化。

⑦為不同於①至⑥，是在地球慣性座標系內的運動，握著物體的手，產生整體加速度 a 的運動。相對於地球的慣性座標系，具有加速度進行的運動系統，稱為非慣性座標系。物體在**非慣性座標系**進行加速度運動，故隨物體的慣性而產生一與運動方向相反的力，此力稱為**慣性力**。

各種力的作用

m = 質量

①萬有引力

m_1　　　　m_2

萬有引力

②力（外力）

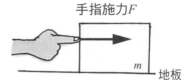

手指施力F

m

地板

③張力

天花板

張力

m

動力

④浮力

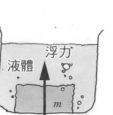

浮力

液體

m

重力

⑤摩擦力

反作用力

驅動力　摩擦力

⑥彈力

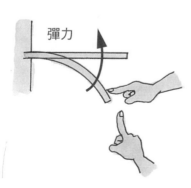

彈力

⑦慣性力

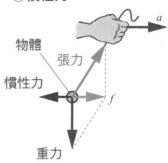

a

物體

張力

慣性力

f

重力

力的合成與分解
——向量的作圖

在第 2 章中，我們曾將速度分解，力也和速度一樣可以用向量合成與分解。以下介紹如何將力合成與分解。

如圖 1 之①，求解作用於 P 點的兩個力 F_1 與 F_2 之合力 F，使用的是稱作**力的平行四邊形**作圖法。將欲合成的兩個力放在相鄰的兩邊，形成一平行四邊形。如此一來，對角線即為合力。

②稱作**力的三角形**作圖法。以 F_1 為準，將 F_2 的作用點對齊 F_1 的箭頭尖端，形成 P 點到 F_2 箭頭尖端的向量，即為合力 F。

③求解施力於 P 點上多力的合力，使用**力的多角形**作圖法，亦即將②中力的三角形連接起來。一開始先任選一個力作為基準。接下來，將別的力平行移動，使起點與基準力 F_1 的向量箭頭尖端。重覆此動作直到最後一個力完成平行移動，接著連接 P 點到最後一個力的箭頭尖端，即為合力 F。

向量的分解，與合成時順序相反。（圖 2 之①）。欲分解一個力，要先決定兩條欲分解的作用線，並將欲分解的力作為平行四邊形的對角線，則夾著力的兩邊即為分解後的**分力**。

②為罐子的按壓蓋。按下密封的蓋子中央，則啪一聲打開，簡單但確實的小東西。此蓋子利用的原理是，作用於蓋子之力，可畫兩條作用線分解，分解力的角度越接近水平，則分解力越大。

圖1 向量的合成

①力的平行四邊形

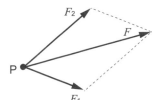

②力的三角形

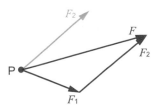

③力的多角形

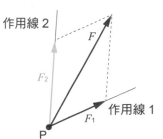

圖2 向量的分解

①向量的分解

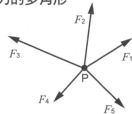

②罐子的按壓蓋

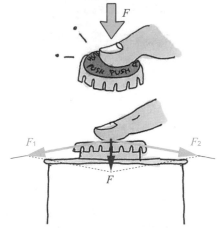

作用於同一點之力的平衡
——合力為零

　　當多力同時作用於同一個點，而合力的效果使該點呈現靜止的狀態，稱作**力的平衡**。當力達到平衡，**作用於點的合力為零**。

　　如同圖 1 之①所示，作用於 P 點的力 F_1 與 F_2 其作用線與大小均相等，唯方向相反。此時的合力為零，故兩力達到平衡。

　　②中有三個力作用於 P 點，當其中兩力的合力與第三力達到平衡，則合力為零、達到力的平衡。再者，下方圖中，平行移動向量，可得到－**封閉**三角形，這也是合力為零的狀況。同樣的，③中有六個力作用於 P 點，平行移動這些力可得一封閉的六角形，也稱為力平衡。

　　就讓我們來試試下列力的平衡問題吧。

　　如圖 2 ①所示，固定於天花板的繩 A 與繩 B，與 P 點連接，並受到鉛直向下的力 F。請畫出繩 A 與繩 B 上的張力。提示在②中。

　　首先，思考於 P 點與 F 達成平衡的力 $-F$，$-F$ 的大小與 F 相同而方向與 F 相反。接著，沿著繩 A 與繩 B，將力分解並將作用線延長。若不進行此準備，則可能會作出如下方「錯誤」的答案。造成錯誤是誤以為「有天花板，所以箭頭的尖端抵住」。箭頭為表示力的向量作圖，穿過天花板也沒有關係。將 $-F$ 沿著兩條作用線分解，F_A 與 F_B 即為繩 A 與繩 B 的張力。

圖1　於一點達到平衡的力

①兩力平衡

$F_2 = -F$　　P　　$F_1 = F$

作用線

> 合力 = 0 為
> 達到力平衡

②三力的平衡　　### ③多力的平衡

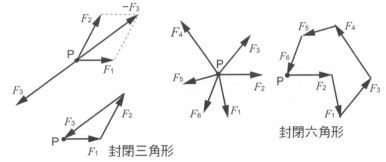

F_1　封閉三角形

封閉六角形

圖2　力的平衡範例

②兩個張力

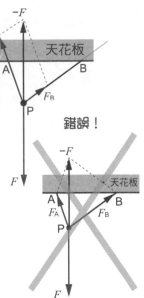

天花板

穿過天花板也
沒有關係

錯誤！

①求解繩A、繩B的張力

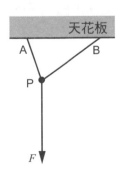

天花板

3-5　重力・重量的單位
——牛頓還是公斤？

力的單位 N（牛頓），並不像秒或公尺的單位一樣，符合我們直覺理解，因此本書前面的篇幅裡刻意省略了詳細的說明。這是因為，先就第 2 章中說明的加速度有初步的認識以後，才能了解力的單位。

N 為 SI 單位的導出單位（參照 1-10 節）。從力的定義 $F = ma$，將基本單位合成 kgm/s^2 成為力的單位。然而直接這樣當作力的單位太長，不實用，故決定以有固定名稱的導出單位 N 來表示。

力的定義是，**1N 的力對質量 1kg 的物體作用，使其產生 1m/s²的加速度**（圖 1）。圖中將物體放置於冰上，是為了要表示沒有其他干擾運動的因素。

對於 N 的物理量希望各位記住的是，如圖 2 之①所示「當重力加速度作用於質量 1kg 的物體，物體將產生 9.8N 的重力」。這也代表，**在地球上質量 1kg 的物體其重力為 9.8N**。日常生活中使用的重量，意思就是指物體所受重力，故一般均以 kgw 而不以 N 表示。再者，電子體重計是將測到的重力經由電子回路作修正，而得到質量 kg。

如同②所示，一公升的水質量為 1kg，但若我們說成「一公升的水重 9.8N」將為日常生活帶來極大的不便。因此，日常生活中將一公升的水重量講成 1kg 是為了方便。力學的世界與日常生活的差異在單位的使用。

力的定義

$$F=ma\,[\text{N}]$$

1N 的力為對質量
1kg 的物體作用使產
生 1m/s² 的加速度

N　　　……… 具有固定名稱的
　　　　　　　導出單位
kgm/s²　……… 由基本單位組成
　　　　　　　的導出單位

圖2　重力・重量・重

① 重力

② 水的重

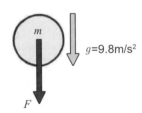

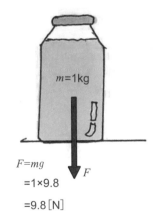

$$F=mg\quad g=9.8\text{m/s}^2$$

當重力加速度作用於
質量 1kg 的物體，物
體產生 9.8N 的重力

$F=mg$
$=1×9.8$
$=9.8\,[\text{N}]$

質量 1kg 的水重力為 9.8N …
日常生活中我們說水重 1kgw

靜者恆靜，動者恆動
——牛頓第一運動定律

　　若沒有外力作用於放置在地上不動的物體，靜止的物體持續保持靜止（圖1之①）。②的冰壺，以速度 v 被推出，運動中的物體，若不再受其他力作用，會持續保持等速度運動。此即為**牛頓第一運動定律**。物體具有維持現有運動狀態的性質，稱為**慣性**，牛頓第一運動定律亦稱作**慣性定律**。

　　運動中的物體其受到外界作用的力稱為**外力**。然而，即使有好幾個外力在作用，若其合力為零，則外力並不會產生影響，物體依然保持靜止狀態（③）。

　　另一方面，用手握著懸吊著重物的繩子，進行加速度運動，經過一段時間，重物會與握著的手傾斜（圖2）。這是因為站在地面上的人對重物及手進行加速度運動。站在地面上的慣性座標系觀看此運動時，或是從手的非慣性座標系來看此運動，兩者對於同一運動的看法也不同。

　　從地面的慣性座標系看手與重物的運動，重物受到的張力與重力的合力 f，是以加速度 a 和手一起進行運動（①）。

　　從手與重物的非慣性座標系來看，則會認為重物與張力及重力的合力 f 達到平衡，因此維持靜止（②），並沒有其他外力對重物施力。當重物靜止時，欲維持原有的慣性，而造成看起來好像有**假想力**作用。此力稱作**慣性力**。

圖1　牛頓第一運動定律

①維持靜止的物體

②維持等速度運動的物體

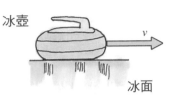

地面

冰壺

冰面

v

③外力達到平衡時，物體維持靜止

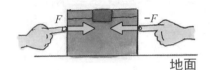

F　$-F$

地面

第一運動定律
為慣性定律

圖2　慣性力

①地面的慣性座標系

②手的非慣性座標系

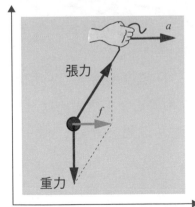

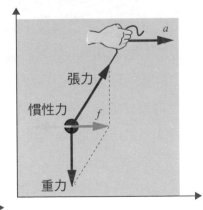

a

張力

f

重力

地面的慣性座標系統

a

張力

慣性力

f

重力

手的非慣性座標系

質量與加速度
——牛頓第二運動定律

當物體受到外力作用，會打破慣性，使物體運動狀態產生變化，而產生**加速度**。此時產生的**加速度之大小，與外力的大小成正比，與於物體的質量成反比**。此為**牛頓第二運動定律**。

質量 m 的物體受到一外力 F 作用而產生加速度 a，以 $ma = F$ 來表示（圖 1 之①）。表示第二運動定律的公式，稱為**運動方程式**。將公式⑴的左邊跟右邊交換，則變成公式⑵ $F = ma$。欲表示物體的運動以公式⑴較為方便，而公式⑵使用於表示力的定義（參考 3-5 節）。

地球上的物體均受到鉛直向下的重力加速度作用，因而產生重力（②）。計算物體的重力 F，當質量為 m、重力加速度為 g，用公式⑵可得到 $F = mg$。然而，一般生活中將質量稱為「重量」，若要強調重力的作用，會使用**重量符號 w**。

我們究竟如何知道質量與重量的差異呢？如圖 2 所示，裝有水的兩個容器以繩子懸吊，並對兩側的容器施力。

如①所示，從旁邊稍微碰觸，則容器會輕輕移動。

如②所示，從下方向上抬起，需要一些力氣。

關於①與②的作用力，①是力作用於物體的質量。②作用於物體的重力，說得更容易懂一些，也就是作用於重量。兩者的狀況顯示於圖 1 之①與②。這是很簡單的概念，各位可以想一想。

圖1　牛頓第二運動定律

①運動方程式

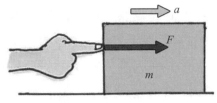

力　　　　F [N]
質量　　　m [kg]
加速度　　a [m/s²]

$$ma = F \quad \text{……(1)}$$

$$F = ma \quad \text{……(2)}$$

②物體的重力・重量

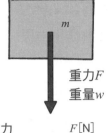

重力F
重量w

重力　　　　F [N]
質量　　　　m [kg]
重力加速度　g [m/s²]

$$F = mg \qquad g = 9.8\text{m/s}^2$$

圖2　質量與重力的差異

①力作用於質量　　　②力作用於重力

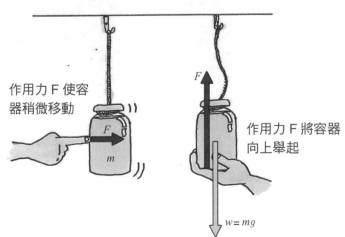

作用力F使容器稍微移動

作用力F將容器向上舉起

$w = mg$

作用力與反作用力，非慣性座標系的運動──牛頓第三運動定律

物體 1 對物體 2 施力，則物體 2 也對物體 1 施予同樣大小但方向相反的力。此為作用力與反作用力定律，稱為牛頓第三運動定律。

如圖 1 之①所示，以力 F 推牆壁，則牆壁也對手產生反推的**垂直抵抗力** R。在此情況下，F 為作用力、R 為反作用力，作用力與反作用力均不會單獨發生，兩者皆可視為作用力，而另一方則為反作用力。

②與書本的重量 w 相同大小的力 F，對書桌下壓，書桌對書本產生的垂直抵抗力 R 為反作用力。書本之所以會靜止，是因為重量 w 與垂直抵抗力 R 達成平衡的緣故。

圖 2 以手支撐鐵球，進行運動。鐵球的重量 w，手支撐鐵球的力為 F，鐵球對手施加的垂直抵抗力 R，我們來探討鉛直方向手的上下運動。F 與 R 互為作用力與反作用力，因此鐵球的運動受 F 與 w 的大小而定。手所感覺到的鐵球重為 R。

如①所示，當 $F = w$ 兩力達成平衡的時候，鐵球靜止。此時為慣性座標系的運動，手感覺到的鐵球重 R 即等於鐵球的重量 w。

在②中，$F > w$，鐵球被舉起。R 與 F 一樣大，手感覺到的重量比鐵球本身的重量還來得重。

在③中，$F < w$，故鐵球下降。手感覺到的重量比鐵球本身的重量還來得輕。

圖1 作用力與反作用力

①以手推牆壁

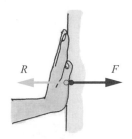

②書桌上的書本

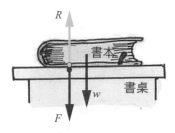

F：**作用力** 手對牆壁的推力
R：**反作用力** 牆壁對手的垂直抵抗力

w：**書的重量** 作用於書的重力
F：**作用力** 書本對書桌施予的力
R：**反作用力** 書桌對書本施予的反作用力

圖2 非慣性座標系的運動

①靜止

②上升

③下降

$F = w$

$F > w$

$F < w$

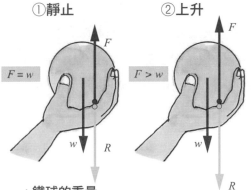

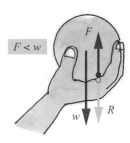

w：**鐵球的重量**
作用於鐵球的重力

F：**作用力**
手對鐵球施予的力

R：**反作用力**
鐵球對手施予的反作用力

F 與 w 的合力決定
鐵球的運動

探討電梯的運動
——慣性力與運動方程式

搭乘電梯時，電梯上升感覺體重變重，電梯下降則感覺身體變輕。讓我們以慣性力與運動方程式來探討這種現象。

以加速度1m/s²上升的電梯，試求放置在地板上的10kg重物，對電梯地板施予的力。重力加速度設為9.8m/s²。

圖 1 為重物 m 對地板施加的力 F，以重物的重量 w 與慣性力 F_0 的合計來表示。電梯上升時，由於重物具有與運動方向相反的慣性力，此慣性力與重力同樣向下，依據式(1)為 $F = w + F_0$。將此式變形，得到 $F = m (g + a)$。我們可以想成「由於力的定義 $F = ma$，合力會產生加速度」。

圖 2 將作用於重物的各種力，列成方程式。與重物運動相關的力有三種：式(1) $F = ma$ 造成運動的力 F，式(2) $w = mg$ 造成重物重量的 w、式(3) $F = N - w$ 來自地板的垂直抵抗力 N。

首先，設運動方向為正（＋）決定各力的正負符號。下一步，以等式左邊重物運動的力，等於等式右邊作用在重物上的力，可得式(4)的運動方程式 $ma = N - mg$。如此，即可簡化重物運動時所受的力。列出了運動方程式，則能夠將多個物體的運動狀態分別探討。

圖1 探討 $F = ma$

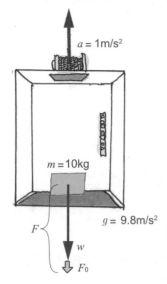

$a = 1\text{m/s}^2$

$m = 10\text{kg}$

$g = 9.8\text{m/s}^2$

F { w F_0

$$F = w + F_0 \quad \cdots (1)$$
$$w = mg \quad \cdots (2)$$
$$F_0 = ma \quad \cdots (3)$$
$$F = mg + ma \quad \cdots (4)$$
$$= m(g+a)$$
$$= 10 \times (9.8 + 1)$$
$$= 108\,[\text{N}]$$

質量 × (重力加速度 ＋ 運動加速度)

圖2 建立運動方程式

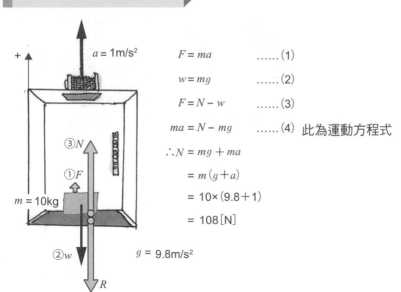

$+$

$a = 1\text{m/s}^2$

③N

①F

$m = 10\text{kg}$

②w

$g = 9.8\text{m/s}^2$

R

$$F = ma \quad \cdots (1)$$
$$w = mg \quad \cdots (2)$$
$$F = N - w \quad \cdots (3)$$
$$ma = N - mg \quad \cdots (4) \quad 此為運動方程式$$
$$\therefore N = mg + ma$$
$$= m(g+a)$$
$$= 10 \times (9.8 + 1)$$
$$= 108\,[\text{N}]$$

力與運動：電梯與重物
──電梯的力學問題

　　以運動方程式來解題，前一節例題我們討論的是電梯運動，在這一節則要探討電梯與重物整體的運動。

　　「**一質量 M 的電梯，在地板上放置質量 m 的重物，電梯受到力 F 而向上運動。試解 (A) 電梯的加速度、(B) 重物對地板下壓的力。**」此題的已知數只有 F、M、m、g。將電梯加速度設為 a，重物對地板的下壓力設為 N，**對電梯及重物分別建立運動方程式**。

　　在運動方程式中，左側為直接施予在物體上的力，右側為作用於物體力之總和。

　　圖①中，**先決定造成電梯運動的力與座標軸的方向**。設運動向上為正（＋）。重物與電梯作用力與反作用力之大小相等，故兩者均為 N。

　　在②中，Ma 為使電梯上升的力，F 為將整體（電梯與重物）升起的力，Mg 為電梯的重量，N 為重物對電梯地板下壓的力。公式(1) $Ma = F - Mg - N$ 即為電梯的運動方程式。

　　在③中，ma 為將重物升起的力，N 為電梯地板對重物的抵抗力，mg 為重物的重量。式(2) $ma = N - mg$ 即為重物的運動方程式。

　　多力的運動方程式鐵則，是先將公式兩邊分別整理。將式(1)與式(2)的左右兩邊分別整理好，成為式(3) $a = \dfrac{F}{M + m} - g$ 可求加速度。將式(3)代入式(2)，可求重物對電梯地板的下壓力 N。

　　最後得到式(4) $N = \dfrac{m}{M + m} F$，其中 $\dfrac{m}{M + m}$ 為重物與電梯整體的質量比，可清楚看出，施力於整體的力 F，與重物對電梯地板的下壓力 N，呈一定比例。

探討電梯與重物的運動

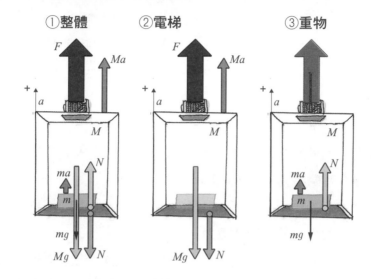

①整體　　②電梯　　③重物

電梯的運動方程式
$Ma = F - Mg - N$ ......(1)

重物的運動方程式
$ma = N - mg$ ......(2)

(A) 求解加速度

將公式左右
分別整理

$Ma + ma = F - Mg - N + N - mg$

$(M+m)\,a = F - (M+m)g$

$\therefore a = \dfrac{F}{M+m} - g$ ......(3)

將式(3)變形成為 F 的函數

$F = (M+m)(a+g)$

(B) 求解對地板的壓力

將式(3)代入式(2)

$m\left(\dfrac{F}{M+m} - g\right) = N - mg$

$\therefore N = m\left(\dfrac{F}{M+m} - g\right) + mg$

$= \dfrac{m}{M+m}\,F$ ......(4)

列成質量比

此為整體的運動方程式

力 ＝（總質量）×（總加速度）

接觸面上阻礙運動的力
——摩擦力

欲滑動放置於地面上的物體，於接觸面生成且與運動方向相反的抵抗力，稱作**摩擦力**。摩擦力的大小，是地面對物體的垂直抗力 N 與**摩擦係數** μ 的乘積。摩擦係數為決定摩擦力程度的係數，無單位。

圖 1 之①所示，當作用於物體的外力 F 較小，會產生與 F 相同大小的摩擦力，而使物體靜止。即使有施力，物體也未發生運動，此時的摩擦力稱作**靜摩擦力**。

在②中，逐漸加大 F 使靜止的物體即將開始運動的臨界狀態。此時發生的摩擦力稱為**最大靜摩擦力**。

在③中，在物體開始運動後仍持續施力，物體滑動時也會產生摩擦力。物體運動時的摩擦力，稱為**動摩擦力**。動摩擦力小於最大靜摩擦力。

在水平面上放置一平板乘載物體，並逐漸將平板的一端提起形成斜面。當平板與水平面的夾角變大，物體開始滑動。物體的重量 w 可分解為平行於斜面的分力 P，與垂直於斜面的分力 R（圖 2 之①）。如此一來，P 為使物體滑動的力，R 生成垂直抗力 N。再者，垂直抗力 N 與靜摩擦係數 μ 的乘積為摩擦力 f。

在此如同②，斜面的角度 θ 逐漸加大，P 也逐漸變大，直到 P 終究超越摩擦力的最大值 $f_{\max}$ 而開始滑行。此處的 $f_{\max}$ 就是最大靜摩擦力，此時的角度 θ 稱作**摩擦角**。

圖 1　接觸面的抵抗力

摩擦力 f
摩擦係數 μ
垂直抵抗力 $N=w$　重量 $w=mg$

$$f=\mu N$$

② **最大靜摩擦力**

$$f_{max} = F$$

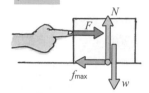

①**靜摩擦力**

$$f_0 = F$$

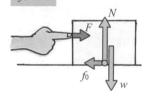

③**動摩擦力**

$$f_k < F$$

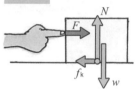

圖 2　摩擦角

①**將重量分解**

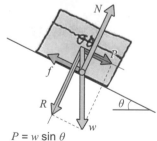

$P = w \sin \theta$
$R = w \cos \theta$
$N = R$
靜摩擦係數 μ
最大靜摩擦力 f_{max}

②**最大靜摩擦力**

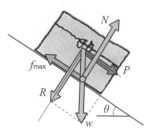

物體開始滑動的瞬間

$f_{max} = \mu N = P$
$\mu w \cos \theta = w \sin \theta$
$$\therefore \mu = \frac{w \sin \theta}{w \cos \theta} = \tan \theta$$

此時的 θ 稱為摩擦角

推車的運動
——非慣性座標系的摩擦力

你有沒有將堆滿行李的推車，用力一推，結果行李就滑落下來的經驗呢？這種情形，就是行李在加速度運動中的推車上運動，是屬於**非慣性座標系運動**。

如圖①，把平滑滑動的推車，與堆放於下方的物體❶作為整體思考，設其質量為 M，堆在上面的物體❷設質量為 m。當用力 F 推動推車，設物體❶與推車的加速度為 a_1，物體❷的加速度為 a_2。物體❷在推車上滑動，運動方向與推車相反，但是從地板的座標系來觀察推車的運動，可見物體❷因為摩擦力的影響與推車進行同方向運動。

在②中，為了能夠看清楚分別作用於兩個物體上的力，先將物體分離，分別探討物體的運動。

在③中，因推車的運動方向為水平方向，鉛直方向的垂直抵抗力與重力互相抵銷，故與此運動相關的力，僅有水平方向的力。然而於物體❶與❷的接觸面互相滑動，設動摩擦係數為 μ'，則動摩擦力 $f = \mu'mg$。

接著，建立運動方程式。式(1) $Ma_1 = F - \mu'mg$ 為物體❶的運動方程式，式(2) $ma_2 = \mu'mg$ 為物體❷的運動方程式，分別求得其加速度 a_1、a_2 為式(3)與式(4)。

式(3)與式(4)的加速度，為從地板的座標系看到的狀況。若就推車的座標系來比較物體❶與物體❷的加速度，可將兩者相減 a_2-a_1，則等式右邊產生負號，表示 a_1 與 a_2 的方向相反。

推車行進間，物體的運動

①以推車搬運行李

忽略推車與地面間的摩擦力

②物體受力

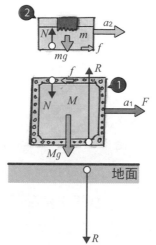

地面

重力加速度 g

動摩擦係數 μ'

動摩擦力 $f = \mu'mg$

③與運動相關的力

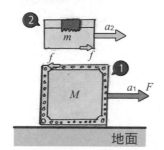

地面

求物體❶、物體❷的相對加速度

$Ma_1 = F - \mu'mg$ ……(1)

$ma_2 = \mu'mg$ ……(2)

$a_1 = \dfrac{F - \mu'mg}{M}$ ……(3)

$a_2 = \mu'g$ ……(4)

物體❶、物體❷的相對加速度為

(4)與(3)的差

$a_2 - a_1 = \mu'g - \dfrac{F - \mu'mg}{M}$

$$= -\dfrac{F - (M+m)\mu'g}{M}$$

斜面上物體的運動
——斜面與摩擦

　　如圖 1 所示，以繩子連接質量 M 與質量 m 的物體，當沒有摩擦力或其他抗力，能達成平衡的傾角 θ 是有限的。觀察此時的 m 與 M 即可發現，「將重力 Mg 分解成平行於斜面的力 P，與垂直於斜面的力 R，若繩子的張力 mg 與 P 達成平衡，物體則靜止不動。」又因為忽略摩擦力，故不必探討分力 R。

　　在理想狀況下，摩擦力與抗力都可以完全忽略不計。但在現實中，斜面與質量 M 物體的接觸面卻存在有摩擦力，試思考以下運動。

　　見圖 2，板子與水平面間呈某種角度，此時物體維持靜止。當傾斜度漸漸變小使角度達到 θ 時，可使質量 m 物體落下。設靜摩擦係數為 μ，不考慮繩子與滑輪的質量和阻力，試求 m 與 M 的關係。

　　在此情況下，圖 1 中所忽略的斜面對物體的垂直抵抗力 N，則需要重新納入思考。從 N 與靜摩擦係數 μ 的乘積，可求得摩擦力 f。接著，思考質量 m 物體所受重力之平衡。

　　質量 m 物體之重力 mg，就是將質量 M 物體沿斜面向上拖引的張力。

　　將質量 M 物體的重力，分解為平行於斜面的力 P，與垂直於斜面的力 R。P 為沿斜面下滑的力，R 的反作用力對質量 M 物體施予一垂直方向的抵抗力 N。靜摩擦力 f 為張力之抵抗力，為平行於斜面向下的力。

　　列出此多力的平衡式 mg = P + f，可求得兩物體的關係。

圖1　斜面物體的受力

斜面的摩擦力、繩子與滑輪的質量與阻力，均忽略不計

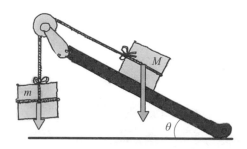
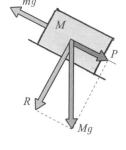

$$R = Mg \cos \theta \qquad mg = P$$
$$P = Mg \sin \theta \qquad\quad = Mg \sin \theta$$
$$\therefore \boxed{m = M \sin \theta}$$

圖2　探討摩擦力

繩子與滑輪的質量、阻力均不計

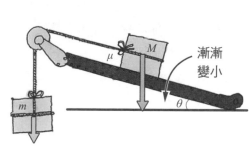

漸漸
變小

$$N = R = Mg \cos \theta \qquad mg = P + f$$
$$f = \mu N = \mu Mg \cos \theta \qquad\quad = Mg \sin \theta + \mu Mg \cos \theta$$
$$P = Mg \sin \theta \qquad\qquad = Mg (\sin \theta + \mu \cos \theta)$$
$$\therefore \boxed{m = M(\sin \theta + \mu \cos \theta)}$$

拔河的勝負關鍵在於摩擦力
——摩擦力的探討

在力學中，有時我們會設定「忽略摩擦力」這種理想的前提條件。但在我們的生活週遭並沒有真的可以忽略摩擦力的事情。先不談數學公式，試思考摩擦力的影響吧。

如圖 1，對重物施加推力，重物與地板間的摩擦力越小越好。但是，人與地板之間若沒有摩擦力將不可能推動重物。因為，要能夠推動重物，需要靠人的腳將力傳達到地面，產生摩擦力的反作用力。

拔河的情形也一樣，並不是比較力氣的大小而已。

如圖 2 之①，Ⓐ與Ⓑ互相拔河的情形。張力 T 對兩人作用。看似Ⓐ與Ⓑ分別以與 T 相同大小但方向相反的力，向 F_A 與 F_B 對繩子施予拉力，但實際上此力透過鞋子對地面作用，產生與 T 反方向的反作用力 f_A、f_B。故Ⓐ的運動是 T 與 f_A 的平衡，Ⓑ的運動是 T 與 f_B 的平衡而定。

設向右的力為正（＋），思考過程如下：

在①中，Ⓐ ＝ $T - f_A = 0$，Ⓑ ＝ $T - f_B = 0$，因Ⓐ與Ⓑ受力達到平衡，故兩人均維持不動。

在②中，假設因為鞋子打滑或是身體失去平衡等因素，造成Ⓐ產生的摩擦力較Ⓑ為大。如此一來，Ⓐ的作用力將因 $T - f_A < 0$ 而向左移動，Ⓑ的作用力也因 $-T + f_B < 0$ 而向左移動。故Ⓐ成為優勢。所以拔河比賽也可以稱為「摩擦力之戰」吧。

圖 1 摩擦力的作用

反作用力
腳的力
摩擦力

● 鞋子對地面施予腳力
● 地面對鞋子施予反作用力
● 作用在地面，重物與人前進

反作用力
摩擦力
驅動力

● 車輪胎對地面施予驅動力
● 地面對輪胎施予反作用力
● 作用在地面，故車子前進

圖 2 拔河的勝負關鍵在於摩擦力

① 拔河比賽中作用的力

受到 Ⓑ 的力　　　　　　　　　受到 Ⓐ 的力

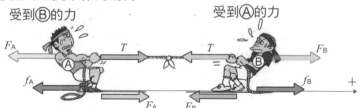

② A 為優勢的作用力

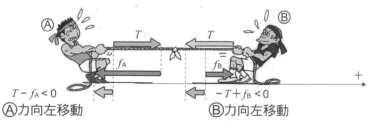

$T - f_A < 0$
Ⓐ 力向左移動

$-T + f_B < 0$
Ⓑ 力向左移動

探討圓形軌道上的運動
——等速率圓周運動

等速率圓周運動如**圖 1** 所示，為 P 點在以 O 點為中心的圓形軌道上，以一定的速率移動。設 P 點在下一個瞬間移動到 P' 點，圓形的切線方向速度固定，但不斷改變方向，故稱為等速率圓周運動，而不稱為等速度圓周運動。

在右頁圖與公式中，角度 θ 用 rad 單位。在圖 2 中簡單地說明 rad 的觀念。將圓弧 $\overset{\frown}{P_0P}$ 的長度，以 s、s 的移動時間 t、切線方向速度 v、以單位時間中心角來表示的旋轉速度—角速度 ω，探討圓周運動。雖然公式很多，若能與圖一起看，較容易理解。

關於旋轉的量度，亦可以週期 T、旋轉數 n (rps) 表示。rps 為 revolutions per second 的縮寫，指的是每秒的旋轉數。

如**圖 2** 之①所示，半徑 r、圓弧長度 $\overset{\frown}{r}$ 的扇形，中心角定義為 1rad，這稱為 **rad · 弧度法**。這樣決定後，一周 360 度則為 $\dfrac{2\pi r}{r}$ = 2π(rad)。rad 為 SI 單位的**輔助單位**，由於 rad 單位為長度 / 長度，在實際計算時為無單位的**無因次參數**。

如②所示，欲表示旋轉速度，圓周上的速度將與半徑呈等比變化。將此以每時間單位的旋轉角度 θ 來表示，與半徑長度無關，而可以角速度 $\omega = \theta$ rad/s 來表示。

在③中，以 rad 表示角度，在角度很小的情況下，可以近似值計算，將 sin、cos、tan 的函數消去整理公式。此消去法經常在探討圓周運動的瞬間運動等情況中使用。

圖1 等速率圓周運動

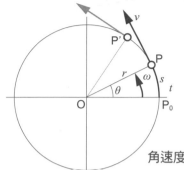

$\overset{\frown}{P_0P}$ 旋轉時間：t

切線方向的速度：v

$\overset{\frown}{P_0P}$ 長：s

這三項
為重點！

$$v = \frac{s}{t} \qquad s = r\theta \qquad v = r\frac{\theta}{t}$$

角速度 ω [rad/s]

$$\omega = \frac{\theta}{t} \qquad v = r\omega \qquad \omega = \frac{v}{r}$$

θ 為 rad 單位

周期 T [s]

$$T = \frac{2\pi}{\omega} = \frac{2\pi r}{v}$$

旋轉數 n[rps]

$$n = \frac{1}{T} = \frac{\omega}{2\pi} = \frac{v}{2\pi r}$$

圖2 rad‧弧度法

①何謂 rad‧弧度法

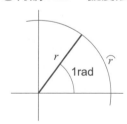

$$1\text{rad} = \frac{\overset{\frown}{r}}{r} \ (\fallingdotseq 57.3°)$$ 幫助記憶

$$360° = \frac{2\pi r}{r} = 2\pi\,[\text{rad}]$$

$$180° = \frac{\pi r}{r} = \pi\,[\text{rad}]$$

②表示旋轉速率與角度

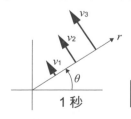

角速度

$$\omega = \theta\,\text{rad/s}$$

③用角函數的近似值來計算

$$\sin\theta \fallingdotseq \tan\theta \fallingdotseq \theta$$
（$\theta \fallingdotseq 10°$ 誤差 1%）

$$\cos\theta \fallingdotseq 1$$
（$\theta \fallingdotseq 8°$ 誤差 1%）

圓周運動的作用力
——向心力

如圖 1 所示，將重物吊掛在繩子末端，使繩子呈緊繃的狀態下旋轉之，使旋轉面呈水平。此時一旦將繩子放開，重物將沿圓周的切線方向飛出。這是因為原本沿切線方向運動的重物，被繩子拉住的緣故。此為**圓周運動**。

在圓周運動中，重物的速度方向，時時沿著圓的切線方向而變化。繩子的張力總是作用在與速度呈直角的方向上，將重物往圓心的方向拉住的力稱為**向心力**。**對物體施加向心力需要加速度**，此加速度則稱為**向心加速度**。將質量 m、角速度 ω、速度 v、向心加速度 a 的關係，以公式(1)表示。將力以 $F = ma$ 代入，則得到公式(2)求向心力的公式。

如圖 2 之①所示，沿著學校操場橢圓形跑道跑步的小朋友，運動呈現圓周運動。這裡沒有繩子，向心力是怎麼來的呢？小朋友沿著弧線跑步，腳對著跑道的外側地面產生踢力。地面產生的反作用力形成摩擦力，將小朋友向跑道的內側推動，此為向心力。②的腳踏車與汽車，輪胎與地面的摩擦力，③的飛機，空氣與機體的摩擦力，分別扮演產生向心力的反作用力角色。

從①至③的例子裡，因為有向外側施予的力，故身體會向內側傾斜而產生向心力。至於④中的汽車，車體本身並無法明顯向內側傾斜，因而有由彈簧等構成的懸吊系統，將車輪用力向地面壓去，使汽車產生向心力。

圖1 向心加速度與向心力

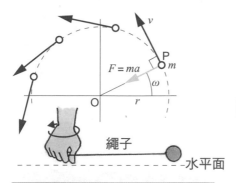

向心加速度第⑴式

$$a = r\omega^2 = \frac{v^2}{r}$$

將此牢記，
代入 $F = ma$
的 a

向心力第⑵式

$$F = ma$$
$$= mr\omega^2$$
$$= m\frac{v^2}{r}$$

m：物體質量　　　ω：角速度
r：半徑　　　　　a：向心加速度
v：切線方向的速度　F：向心力

圖2 摩擦力與向心力

① 在操場跑步的小朋友

鞋子向外側施予的力

摩擦力為向心力

③ 飛機

飛機利用空氣的阻力

② 機車、腳踏車

輪胎與地面的摩擦力為重點

④ 汽車

車子的懸吊系統很重要

轉彎時身體感受到的力
——離心力

　　等速率圓周運動因總是有加速度在作用，故為非慣性座標系運動。如圖 1 所示，觀察在非慣性座標系的物體，發現與物體的向心力 F 有一大小相等但方向相反之力 F' 作用，此力與運動方向垂直。這裡的 F' 即稱為**離心力**。

　　設向心力 F 的方向為正（＋），則離心力 F' 的方向為負（－），F' 大小與 F 相同。探討離心力時，可將慣性座標系的運動定律，運用到非慣性座標系的物體運動上，以簡化問題。離心力是一種**假想力**。

　　一旦圓周運動停止，向心力與離心力將瞬間消失，物體只剩下速度 v 作用，故物體會朝切線方向飛出去。

　　如圖 2 所示，腳踏車以傾角 θ 過彎道，腳踏車與人總重量 w 的水平方向分力，將形成向心力與離心力。騎乘在腳踏車上的人，因為此力的平衡而感受到離心力。

　　大人騎乘的腳踏車與小朋友騎乘的腳踏車，兩者總重量不同。當兩台腳踏車以同樣速度繞過同樣的彎道，傾角 θ 是否有何不同？式(1) 的 $\tan \theta = \dfrac{r\omega^2}{g}$，式中的質量 m 消失。也就是說，過彎的傾角相同，與重量無關。

　　舉一例題，假設腳踏車與人的總重量為 800N，切線方向的速度為 2m/s，旋轉半徑 10m，試計算向心力。此計算的重點為，將總重量 w 換算成質量，需除以重力加速度 9.8m/s^2。答案為 32.7N，約相當於 3.3 公升的水重。

圖1　向心力與離心力

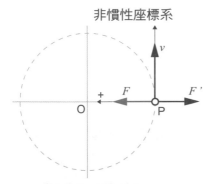

非慣性座標系

從物體 P 上的非慣性座標系看來，向心力 F 與離心力 F' 達平衡，僅有速度 v 的運動

從圓心 O 的地面慣性座標系看來，是向心力 F 與速度 v 的運動

等速率圓周運動中離心力與向心力互為平衡
離心力 = − 向心力

v：切線方向速度
F：向心力
F'：離心力

$$F' = -F \quad F = ma$$
$$= mr\omega^2$$
$$= m\frac{v^2}{r}$$

圖2　感受到的離心力

觀察非慣性座標系的腳踏車力的平衡

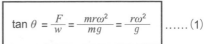

$$\tan\theta = \frac{F}{w} = \frac{mr\omega^2}{mg} = \frac{r\omega^2}{g} \quad \cdots\cdots(1)$$

傾角 θ 與質量無關

離心力 F' 　　　向心力 F

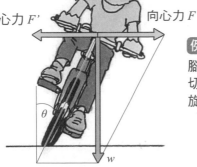

例題

腳踏車與人的總重量 $w = 800N$
切線方向速度 $v = 2\ m/s$
旋轉半徑 $r = 10m$

$$F = m\frac{v^2}{r}$$
$$= \frac{800}{9.8} \times \frac{2^2}{10}$$
$$\fallingdotseq 32.7\,[\text{N}]$$

$w = mg$ 　　　$F = m\dfrac{v^2}{r}$

使物體旋轉的能力
——力矩

　　如圖 1 之①所示，想像一塊於 O 點以釘子牢牢固定的板子。因只有固定一點，若從旁邊用力推動，板子將以 O 點為中心旋轉。使物體旋轉的能力稱為**力矩**。

　　在距離 O 點直線距離 L 的 P 點，施予一與直線 OP 垂直的力 F，力矩 M 的大小定義為 $M = FL$。將直線 OP 稱為**力臂**、長度 L 稱為**力臂長**。力矩單位為 N・m。

　　對力臂呈角度 θ，施以作用力，如②中將 F 的作用線延長，取垂直距離 L'，或是如③所示，對直線 OP 取 F 的垂直向量均可，取出**互相垂直的力與力臂長的乘積**，不論哪個方法得到的答案均相同。

　　圖 2 中，將中心 O 以釘子固定，一邊 $2L$ 長的正方形板子，施予大小相等的四個力，板子應該會以 O 點為中心，開始以順時針或逆時針旋轉。為了得知結果，需分別求解四個力的力矩，由總力矩可得知。

　　首先決定力矩的順時針、逆時針何者為正，一般來說，三角函數及圓周運動有相同的設定，因此設逆時針的力矩為正（＋）。

　　M_1 與 M_4 的長度可由圖中得知。需特別注意的是 M_2。旋轉中心 O 位於 F_2 的作用線上，故力臂的長度為零，因此力矩為零。M_3 的求解，以力臂的長度 OP，運用畢式定理及三角比求出。此題的答案，力矩為正，故是逆時針旋轉。

圖1 力矩

①力矩的定義

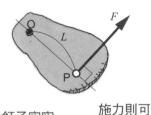

②力臂長

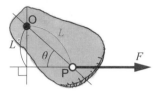

$$M = FL' = FL\sin\theta$$

一端用釘子牢牢釘住　施力則可能旋轉

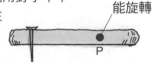

力矩＝力 × 力臂長
$$M = FL\,[\text{N·m}]$$

③垂直的力

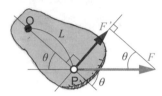

$$M = F'L = F\sin\theta \cdot L$$

圖2 力矩符號與計算範例

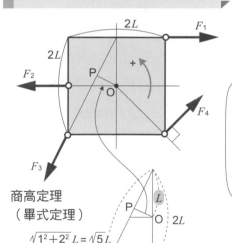

$$F_1 = F_2 = F_3 = F_4 = F$$

$$M_1 = F_1 L = -FL$$

力臂長為零
$$M_2 = F_2 \cdot 0 = 0$$

$$M_3 = F_3 \cdot \text{OP} = F_3 \frac{L}{\sqrt{5}} = \frac{1}{\sqrt{5}} FL$$

$$M_4 = F_4 \sqrt{2}\,L = \sqrt{2}\,FL$$

商高定理
（畢式定理）

$$\sqrt{1^2 + 2^2}\,L = \sqrt{5}\,L$$

$$M = M_1 + M_2 + M_3 + M_4$$

從三角比求得
$$\frac{\text{OP}}{L} = \frac{L}{\sqrt{5}\,L}$$

$$M = FL\left(-1 + \frac{1}{\sqrt{5}} + \sqrt{2}\right)$$

$$\therefore \text{OP} = \frac{L}{\sqrt{5}}$$

尋找我們身邊的力矩
——簡單的計算範例

　　一起來探討我們日常生活中的力矩。圖 1 之①為踩腳踏車的踏板，②為上板手。①、②均為公式(1) $M = FL$ 之力臂與力呈直角的範例，而式(2) $M = FL \cos \theta$ 表示力臂有一傾角的狀況。

　　在①的式(2)中，對力取直角的力臂長度。②的式(2)中，將力的分力分解至力臂的方向上。這兩個方法求的力矩答案均相同。

　　圖 2 為房屋裝飾的動態雕刻範例。動態雕刻的製作方式，是尋求各重物能達成平衡的點，在此先不考慮架子的重量，僅考慮重物的重量，來思考達成平衡的條件。

　　分別連接兩個重物的支點，設為①與②，連接①與②的支點設為③。已知重物的重量 $w_1 = w_4$，支撐的力臂長分別設定為 $L_1 = 2L_2$、$L_3 = L_2$、$L_4 = 3L_2$。試求 w_1、w_3 的重量，以及 L_{12} 與 L_{34} 的比值。

　　欲達成①與②的平衡，只需所有支點的力矩和為零即可，故列出式(1) $w_1L_1 - w_2L_2 = 0$ 與式(2) $w_3L_3 - w_4L_4 = 0$。支點③的力平衡，取決於掛在①的重量和與②的重量和所產生的力矩和為零，故列出式(3)$(w_1 + w_2)L_{12} - (w_3 + w_4)L_{34} = 0$。點①、②、③的力矩，逆時針為正、順時針為負，由於力矩和為零，因此不會發生旋轉。

圖 1 踩踏板與上板手

①踩踏板

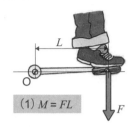

$(1)\ M = FL$

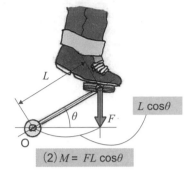

$L\cos\theta$

$(2)\ M = FL\cos\theta$

②上板手

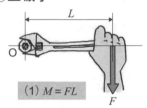

$(1)\ M = FL$

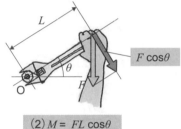

$F\cos\theta$

$(2)\ M = FL\cos\theta$

圖 2 動態雕刻的平衡

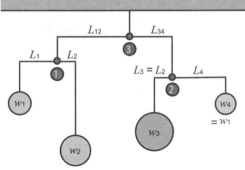

$w_1 = w_4 \quad L_1 = 2L_2$
$L_3 = L_2$
$L_4 = 3L_2$

從式(1)
$$w_2 = w_1 \frac{L_1}{L_2} = \boxed{2w_1}$$

從式(2)
$$w_3 = w_4 \frac{L_4}{L_3} = \boxed{3w_1}$$

從式(3)
$$\frac{L_{12}}{L_{34}} = \frac{w_3 + w_4}{w_1 + w_2}$$
$$= \frac{3w_1 + w_1}{w_1 + 2w_1}$$
$$= \boxed{\frac{4}{3}}$$

❶的平衡　　$w_1 L_1 - w_2 L_2 = 0$　……(1)

❷的平衡　　$w_3 L_3 - w_4 L_4 = 0$　……(2)

❸的平衡

$(w_1 + w_2) L_{12} - (w_3 + w_4) L_{34} = 0$　……(3)

物體受力的力平衡
——力的平衡與重心

這一節要來探討平面座標上物體力的平衡。

在圖 1 之①，作用於物體的兩個力 F_1、F_2 的合力，在這個範例中，力的作用點相距較遠。將力於其作用線上平移，效果不變。因此，將兩力的作用線延長找出交點，並將兩力的作用點分別移動至此交點上。這樣一來，可使向量合成於一點上，再透過平行四邊形的對角線求合力 F。

在②中，有相互平行的兩力作用於同一物體。因兩力的方向相同，故合力 $F = F_1 + F_2$。

在此將 F_1、F_2 與合力 F 之 x 座標，分別設為 x_1、x_2、x。對於原點的兩個力的力矩和，與合力的力矩相同。將此關係化作公式，即得公式⑵ $F_1 x_1 + F_2 x_2 = Fx$。從公式⑵求解合力 F 作用點 x 座標的公式，可得公式⑶ $x = \dfrac{F_1 x_1 + f_2 x_2}{F}$。

圖 2，利用圖 1 之①的方法，求解質量 m 的物體重心 G (x, y)。一開始，將物體分解成兩個已知重心的物體，質量 m_1、重心 G_1 (x_1, y_1)，與質量 m_2、重心 G_2 (x_2, y_2) 之長方形。

接著，於 x 軸方向與 y 軸方向分別套入圖 1 之②的公式⑵，並整理為公式⑶。如此一來即可求得重心 G (x, y)。

厚度均一的物體質量 m，在 xy 平面上與圖形的面積成正比，故知道物體的形狀與尺寸，即可以面積代替質量求解 G (x, y)。平面圖形的重心稱作**圖心**。

圖1　不同作用點的力的合成

①相交力的合成

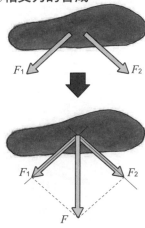

將力在作用線上平移

②平行力的合成

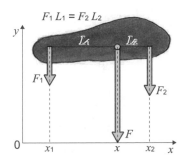

$$F_1 + F_2 = F \qquad \cdots\cdots(1)$$

$$F_1 x_1 + F_2 x_2 = Fx \qquad \cdots\cdots(2)$$

$$\therefore x = \frac{F_1 x_1 + F_2 x_2}{F} \qquad \cdots\cdots(3)$$

圖2　求重心

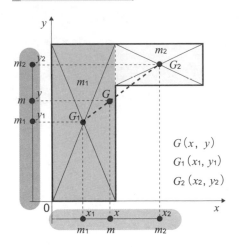

$$m = m_1 + m_2 \qquad \cdots\cdots(1)$$

● x 軸方向

$$m_1 x_1 + m_2 x_2 = mx \qquad \cdots\cdots(2)$$

$$\therefore x = \frac{m_1 x_1 + m_2 x_2}{m} \qquad \cdots\cdots(3)$$

● y 軸方向

$$m_1 y_1 + m_2 y_2 = my \qquad \cdots\cdots(2)$$

$$\therefore y = \frac{m_1 y_1 + m_2 y_2}{m} \qquad \cdots\cdots(3)$$

$G(x, y)$
$G_1(x_1, y_1)$
$G_2(x_2, y_2)$

推動箱子，但不可倒下
——重點在箱子的底面積

　　如圖 **1** 所示，一箱子放置於桌上，由不同高度推箱子①②③，將發現在某處箱子會傾倒。①的下圖是利用前一節的方法，將 F 與 w 移動到作用線上，畫出合力 Fw。若 Fw 的作用線與桌子表面交會的 P 點位於箱子與桌子的接觸面上，則箱子處於安定狀態。

　　當 P 點產生垂直抵抗力 N，即發生靜摩擦力。箱子因 w 與 N、f，Fw 與 R 的力作用，得以保持平衡狀態。F 與 w 形成的平行四邊形，將隨 h 的不同而改變高度。

　　第②為力平衡的極限。當 h 超過②而達到③的高度，P 點將超過箱子的最遠端點 O 而超出接觸底面。如此一來箱子將於 O 點傾倒。

　　讓我們來探討能夠順利使箱子滑動的條件吧。

　　如圖 **2** 所示，將寬度 b 的箱子，以力 F、施力高度 h、接觸面靜摩擦係數 μ 推動。箱子的高度，或者稱為重心 G 的高度，究竟是多少，在此範例中並不重要。箱子的最遠端點設為 P。

　　①以 P 點為中心，先尋找向左或向右的力矩。由於箱子受力僅有 F 與 w。靜摩擦力 f 直接作用於 P 點的作用線上，故不產生力矩。

　　②由力矩的平衡式(1) $w\dfrac{b}{2} - Fh = 0$，求解式(2) $F = \dfrac{wb}{2h}$ 的 F 值。

　　③ F 與 f 相等，故可從式(3) $\dfrac{wb}{2h} = \mu w$ 求得公式(4) $h = \dfrac{b}{2\mu}$。

　　由上述計算結果發現，不論力、重量、重心的位置為何，箱子的底面積越寬，摩擦越小，施力的高度 h 越大。意外嗎？

圖1　推不倒的極限

①安定

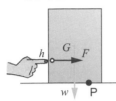

②極限

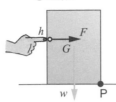

③傾倒

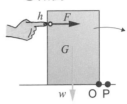

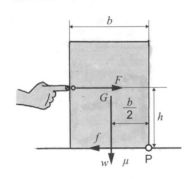

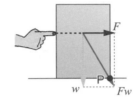

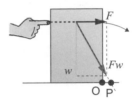

圖2　箱子的極限高度

①以 P 點為中心

向左旋的力矩：$w\dfrac{b}{2}$

向右旋的力矩：Fh

②因為力矩平衡

$$w\frac{b}{2} - Fh = 0 \quad \cdots\cdots(1)$$

$$\therefore F = \frac{wb}{2h} \quad \cdots\cdots(2)$$

③施力與靜摩擦力達到平衡

$$F = f = \mu w$$

$$\frac{wb}{2h} = \mu w \quad \cdots\cdots(3)$$

$$\therefore \boxed{h = \frac{b}{2\mu}} \quad \cdots\cdots(4)$$

h：施力的高度
F：力
b：底的寬度
μ：靜摩擦係數

力矩的作用
——力偶與力矩

　　試探討生活的力矩。如圖 1，開關容器的蓋子時，或旋轉汽車方向盤，蓋子或方向盤，**大小相等但方向相反的平行作用力**。這種成對的力稱為**力偶**。

　　力偶的作用力不能具有角度，也不能在同一方向上。受到力偶的物體，僅會旋轉而不會移動。因此，若只想要使物體旋轉，就可以利用力偶的特性。

　　力偶產生使物體旋轉的能力，稱為**力偶矩**，力偶矩的計算，是力的大小與二力作用線的垂直距離的乘積。

　　接著，試探討力矩的大小。

　　圖 2 腳踏車的踏板，透過曲柄的力臂旋轉軸，使鏈輪旋轉，牽動鍊條的旋轉，鏈條使後輪轉動。踩動踏板，即產生力臂長 L 與腳力 F 相乘之力矩 $M = FL$，作用於旋轉軸的中心 O。此力矩作用於連接旋轉軸的鏈輪，而鏈輪承受到將力矩轉換為施於半徑 R 鏈條之力 T 的乘積 $M = TR$，然後，$T = \dfrac{FL}{R}$ 將受力倍數放大，作用於鏈條。

　　板手的例子也有類似的情形，在半徑 R 的螺絲外緣以 $T = F\dfrac{L}{R}$ 之很大的力作用。因此若作用力 F 過大，螺絲將有可能被拉變形。

圖 1 力偶與力偶矩

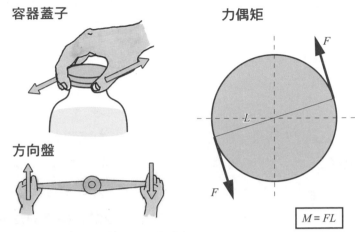

容器蓋子

方向盤

力偶矩

$$M = FL$$

大小相等但方向相反的力，互為力偶

圖 2 力矩

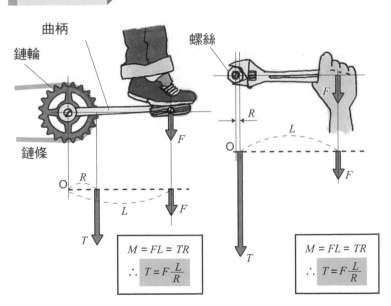

鏈輪

曲柄

螺絲

鏈條

$$M = FL = TR$$
$$\therefore \ T = F \frac{L}{R}$$

$$M = FL = TR$$
$$\therefore \ T = F \frac{L}{R}$$

力矩與 Torque

　　在車子相關的訊息裡面，經常看到「Torque」（扭矩）這個用語，這也是與力及運動有關的名詞。但在學校的理科教育裡並沒有教到。Torque 與本文中探討過的力矩意義相同，主要為機械工程領域用語。

　　前面提過，力矩是一種使物體旋轉的力。力矩發生的原因，與質量、物體的形狀・電磁效應、物體的形變等等。其中，力所造成的動量即為力矩。

　　Torque 在機械工程領域中，用於引擎或發動機等的旋轉軸的Torque、將螺絲鎖緊的 Torque 等等。

　　在機械工程中，力的平衡概念，中亦使用名詞「力矩」，另外也稱為○○力矩、□□力矩等。力矩裡面哪些稱作 Torque，其實並沒有什麼差異。

　　一般而言，軸的扭轉力矩稱為 Torque。

　　在日本業界的機械工程中，只要能夠理解，傾向使用較短的名詞，故作為一般認定的規則，講 Torque 就這樣變成習慣。

　　現代，由於汽車的電子自動控制與電動車的普及，AI 機器人等熱門主題，Torque 或 Torque sensor 也變得更加普遍了。

第 4 章

功與能量

功與能量，這兩個名詞都是平時都可以聽到。
在力學中，這兩個名詞也許是最貼近日常生活
的。大家在日常生活中搬運行李、踩腳踏車的
時候，都在體驗本章的功與能量。

實際體驗功的定義
——力學的功

在前面 1-14 節做過說明，在力學中**功**的定義為「施力使物體移動」。**功的大小等於力 × 位移**，單位為固有名稱的組合單位 (J)（焦耳）。

如圖 1 之①，物體受到力 F 並沿著力的方向移動了位移 s，物體受到的功 W 為 $W = Fs$。在②中，沿著物體的運動方向取力的分力 $Fx = F \cos \theta$，求分力與移動位移的乘積即可。

各位或許對於①與②中物體的質量與摩擦力不加以考慮這件事情感到疑惑吧。可忽略的理由是，不論物體的質量或是摩擦力有多少，使物體移動的力均是 F。

圖 2 試體驗 1J 的功。100g 的物體的重力約等於 1N。將此 1N 向上抬高 1m 的高度，則物體受到 1J 的功。

各位可能會有一個疑問，「1N 的力是否能夠舉起 1N 的物體？」的確，當向上與向下分別 1N 的力若達到平衡，靜止的物體將持續靜止。然而，從圖 2 的位置①手對物體施加瞬間向上的力，當物體開始移動，則變為等速度運動，依慣性定律，力的平衡，運動中的物體將持續保持運動狀態。然後，在抵達位置②之前，手對物體施加瞬間向下的力，使物體停止運動。

在位置①處，物體受到瞬間向上 $+W'$ 的正功，在位置②處，物體受到瞬間向下 $-W'$ 的負功，故功的總功為等速度運動的 $W = Fs = 1$，亦即物體受到 1N 的功。

圖1 功的定義

①物體沿著外力方向前進

$$W = Fs\,[\mathrm{J}]$$

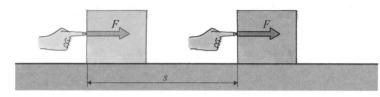

②若施力方向與物體移動方向不同

$$F_x = F\cos\theta$$
$$W = F_x \cdot s$$
$$\quad = Fs\cos\theta\,[\mathrm{J}]$$

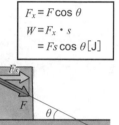

圖2 試體驗1焦耳的大小

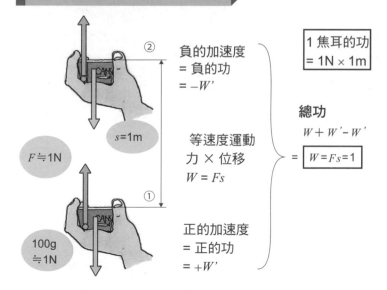

②
負的加速度
= 負的功
= $-W'$

$s=1\mathrm{m}$

$F \fallingdotseq 1\mathrm{N}$

等速度運動
力 × 位移
$W = Fs$

①

100g
$\fallingdotseq 1\mathrm{N}$

正的加速度
= 正的功
= $+W'$

1 焦耳的功
= $1\mathrm{N} \times 1\mathrm{m}$

總功

$$W + W' - W'$$
$$= \boxed{W = Fs = 1}$$

功的廚房實驗
——力與功

　　讓我們來試試一個在廚房即能簡單進行的實驗。將約 300g 的水倒入水杯中，完成準備。

　　如圖 1 所示，使水維持不搖晃的狀態，慢慢水平移動水 1m。至此實驗終了。

　　如何呢？感受到對水杯作功了嗎？恐怕沒有感受到吧。

　　畫成速度線圖與加速度線圖，因加速度僅發生在開始移動與停止移動的瞬間，故分別產生了正的與負的功。然而，此二功彼此互相抵銷，總功為零。也就是說在此運動中，人並沒有對水杯作功。

　　接著看圖 2，試著以更快的速度使杯子的水面稍向後方傾斜，直線移動水杯 1m。這次各位想必能夠感受到對水杯作了功。

　　此運動是為等加速度運動。畫出速度線圖與加速度線圖的概略狀況。加速度對水杯朝運動方向施加一力 Fx。也就是說，功 = 力 × 位移的關係式成立。

　　經過條件設定並概略計算，可得到右頁的結果。此計算是目前為止說明內容的最基本部分。

　　公式 (1) $s = \dfrac{1}{2} at^2$ 為等加速度運動，公式 (2) $Fx = ma$ 為力的定義，公式 (3) $W = Fxs$ 為功的定義。計算結果得到的 24J，代表將 240g 重的物體垂直抬高 1m 時所作的功。重力加速度 g 在此概略設為 $10m/s^2$。上述計算並不嚴格，但足以幫助各位了解力與功之間的關係。

圖1 作功為零

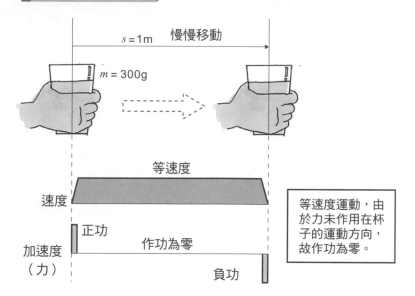

$s = 1m$ 　慢慢移動

$m = 300g$

速度　　等速度

正功　　作功為零

加速度
（力）　　負功

> 等速度運動，由
> 於力未作用在杯
> 子的運動方向，
> 故作功為零。

圖2 功的生成

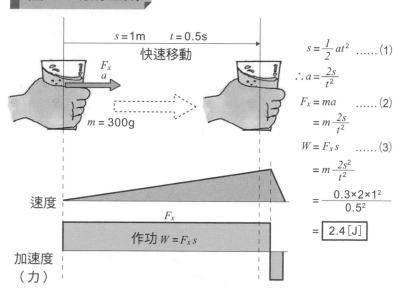

$s = 1m$ 　$t = 0.5s$
快速移動

F_x
a

$m = 300g$

速度

F_x

作功 $W = F_x s$

加速度
（力）

$$s = \frac{1}{2}at^2 \quad \cdots\cdots (1)$$

$$\therefore a = \frac{2s}{t^2}$$

$$F_x = ma \quad \cdots\cdots (2)$$

$$= m\frac{2s}{t^2}$$

$$W = F_x s \quad \cdots\cdots (3)$$

$$= m\frac{2s^2}{t^2}$$

$$= \frac{0.3 \times 2 \times 1^2}{0.5^2}$$

$$= \boxed{2.4\,[\text{J}]}$$

作功不輕鬆
──動滑輪與組合滑輪

動滑輪的力學問題經常使人頭痛。試思考圖1動滑輪所作的功。滑輪與繩子重量與抗力在此可忽略。

圖1為力平衡狀態。重物的重量 100N 為動滑輪在天花板上的 A 點，與手的 P 點兩點平均支撐，故繩子的張力為 50N。由於力平衡，F 亦為 50N。

圖②思考施力與重物互相作用時產生的功。重物與動滑輪每上升 s，吊掛於動滑輪兩側的繩子亦分別被拉升 s。繩子的長度固定，故施力點 P 必須拉升 $2s$ 的位移。假設 $s = 1m$，則於公式(1) $W = 2Fs$ 為手的作功，公式(2) $W = mgs$ 為重物作的功，兩者均等於 100J。動滑輪受力為重物的重量的一半，移動位移為 2 倍，故功不變。

如圖2所示，一個滑輪的重量為 2N，將三個滑輪連結在一起，吊掛著重物的棒子重量設為 6N，此時將重物提高 1m。受到此功而被拉升的結構稱作 A。A 的總重量是 612N，此重量六等分於 A 上方的線 B 與繩子交叉的 6 個假想點。也就是說，每一個交叉點上產生 102N 的張力。此力為式(1)的力 F。

因 A 要上升 1m，力 F 要將繩子拉動 6m。以力 × 位移求解功的大小，則 A 部分受到的功以式(2)計算為 612J，力 F 施予的功以式(3)計算為 612J，兩者相等。

最後來驗算。以式(4)計算向上的合力，以式(5)將計算向下的合力，確認兩者相等，表示確實達到力的平衡。

圖1 動滑輪作功

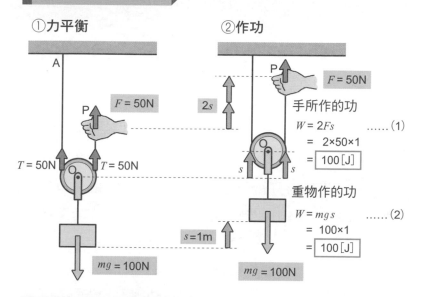

① 力平衡

② 作功

$F = 50\text{N}$

手所作的功

$W = 2Fs$ ......(1)

    $= 2×50×1$

    $= \boxed{100\,[\text{J}]}$

重物作的功

$W = mgs$ ......(2)

    $= 100×1$

    $= \boxed{100\,[\text{J}]}$

圖2 組合滑輪作功

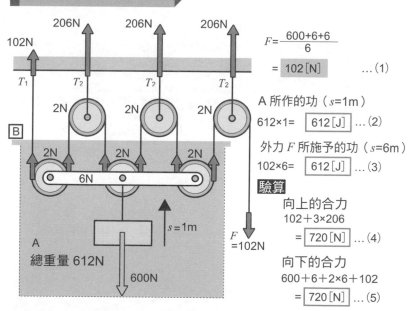

$F = \dfrac{600+6+6}{6}$

  $= \boxed{102\,[\text{N}]}$ ...(1)

A 所作的功（$s=1\text{m}$）

$612×1 = \boxed{612\,[\text{J}]}$ ...(2)

外力 F 所施予的功（$s=6\text{m}$）

$102×6 = \boxed{612\,[\text{J}]}$ ...(3)

驗算

向上的合力

$102+3×206$

  $= \boxed{720\,[\text{N}]}$ ...(4)

向下的合力

$600+6+2×6+102$

  $= \boxed{720\,[\text{N}]}$ ...(5)

利用三角形作功的智慧
——斜面的作功

　　自古代以來人們便懂得利用**斜面，施力較小，作功一樣大**。試以力學來探討。

　　於圖 1 中，欲將 50N 重的行李拉升到 1.5m 高處，假設Ⓐ學生使用斜面拉升，Ⓑ學生垂直拉升。忽略摩擦等抗力，試比較兩人所作的功。

　　Ⓐ學生的作功需要的力 F_A 為 25N、移動位移為 3m。也就是說Ⓐ學生作的功為 $25 \times 3 = 75$(J)(①)。另一方面，Ⓑ學生作功需要的力 F_B 為 50N、移動位移 1.5m。也就是說Ⓑ學生作的功為 $50 \times 1.5 = 75$(J)(②)。

　　從①②的結果得知，Ⓐ同學與Ⓑ同學作功相等。然而Ⓐ同學需要的力是Ⓑ同學的一半，施力大不同。然而因施力的位移比較長，作功本身並不會比較輕鬆。

　　而且現實中的斜面有摩擦力，Ⓐ同學將需要 25N 以上的力，但即使這樣還是比Ⓑ同學來得輕鬆。

　　類似於斜面的功能，古代便懂得利用劈裂楔，在採礦場將劈裂楔打入巨石切割，或是用來插入石頭下方，用以抬起石頭等。劈裂楔主要的目的並非移動位移，而是作功可以產生非常大的力。

　　圖 2 中，施予力 F，則沿著劈裂楔的表面與直角，產生兩大分力，形成一平行四邊形，角度為 2θ，則如公式所示，力與 $\sin\theta$ 成反比。$\sin\theta$ 小於 1，從圖中可以得知，當 θ 越小，產生的力越大。

圖1 斜面與作功

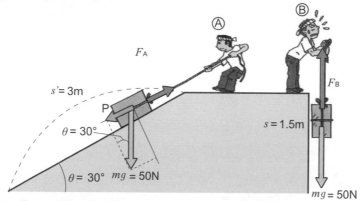

$s' = 3m$

P

F_A

$\theta = 30°$

$\theta = 30°$ $mg = 50N$

B

F_B

$s = 1.5m$

$mg = 50N$

① Ⓐ同學的作功

$F_A = P = mg \sin \theta = 50/2 = \boxed{25} [N]$

$W_A = F_A s' = 25 \times 3 = \boxed{75 [J]}$

② Ⓑ同學的作功

$F_B = mg = \boxed{50} [N]$

$W_B = F_B s = 50 \times 1.5 = \boxed{75 [J]}$

圖2 劈裂楔與作功

分力呈平四邊形，
故力為 $\dfrac{F}{2}$

與楔型表面呈直角
的方向取分力，
則此處為 θ

角為 2θ，
故一半為 θ

θ

2θ

此處為
楔型的尖角

s

θ

F_1

F

F_2

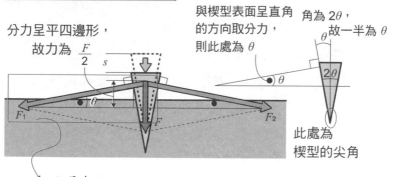

● 分力 F1

$\sin \theta$

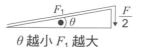

F_1

θ

$\dfrac{F}{2}$

θ 越小 F_1 越大

$\sin \theta = \dfrac{1}{F_1} \times \dfrac{F}{2}$

F_1 與 F_2 相同

$\therefore \boxed{F_1 = F_2 = \dfrac{F}{2\sin \theta}}$

功與能量的關係

　　能量指的是作功的能力。能量與功之間的關係，可以右圖拉門的例子來探討。

　　圖 1 為一般日式餐飲店常見的拉門。趁著店裡的服務生不在，我們來觀察拉門的構造。拉門的鐵線末端連接著一重物，透過定滑輪固定在拉門上。重物的重量與鐵線的長度，取決於重物垂到最低點，拉門能夠處於關閉狀態。將拉門打開時，重物被拉升；放手時，重物下降使門關閉。

　　筆者發現一個拉門的有趣的機制，原來如此。在柱子旁邊放一個小小的架子，將重物放在架子上，拉門就會保持在開啟的狀態。滑軌、滑輪及鐵線上的摩擦力，使拉門有適當的運動。

　　用力學重新思考一次。如圖 2 之①所示，拉動拉門使重物提起。隨著重物上升的高度，人對門所作的功亦增加，重物的能量亦增加。當停止移動門，重物的能量增加亦即停止。

　　放手時，如②所示，重物下降並關上門。下降高度越大，重物對拉門作的功亦增加，重物的能量即減少。當重物碰觸到地面而結束下降動作，拉門受到的功達到最大值，此時重物的能量為零。

　　從此範例中我們可以看見，**作功在一物體上，物體能量會增加。物體對外作功，則物體能量會減少。**

圖1 藉由重力關上的拉門

①拉門關閉,重物在 最低點

②拉門打開, 重物被拉升

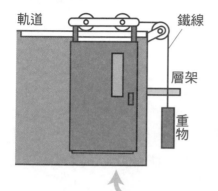

軌道　　　　　　　　鐵線

層架

重物

③放手時,重物下降而拉門關閉

圖2 功與能的轉換

①人的作功
　→ 重物的能量增減

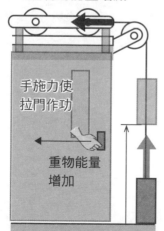

手施力使 拉門作功

重物能量 增加

②重物的能量
　→ 功的轉換

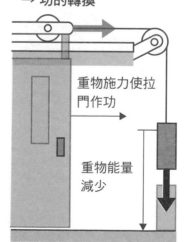

重物施力使拉 門作功

重物能量 減少

古典力學的物體能量
——力學能

　　自然界有各式各樣的能量。牛頓力學中，下列兩種能量稱為**力學能**。

● **動能**：物體因速度而具有的能量

● **位能**：物體因高度而具有的能量

　　能量與功可以交換，單位為 J。

　　如圖 1，質量 1kg 與質量 2kg 的兩個物體，分別以速度 1m/s 與 2m/s 運動，來探討運動動能 T 的大小。**動能的大小與質量 × 速度的平方成正比**。

　　騎腳踏車踩剎車，當腳踏車越重或速度越快，剎車越難踩，是因為要使動能變為零所需要作的負功更大。

　　圖 2 為質量 1kg 與質量 2kg 的兩個物體，位於 0.5m 及 1m 高處，分別因重力而具有的位能 U。**位能的大小與質量 × 高度成正比**。

　　不小心手滑而將牛奶盒掉落至地上，若從 30cm 左右的高度掉下，頂多容器凹陷，而從 1m 高度掉下則可能容器會破裂。這是因為高度越高，物體作功越大，因此能對容器造成較大的傷害。

　　在此請各位注意一點，能量是為作功的能力。但圖 1 物體若沒有永遠持續維持等速度運動，或者圖 2 的物體沒有永遠維持在同等高度，則能量的大小也會改變。**能量的大小，會隨著物體作功而發生變化**。

圖1　動能

動能　$\boxed{T = \dfrac{1}{2}mv^2}$　與質量 $m \times$ 速度 v 的平方
成正比

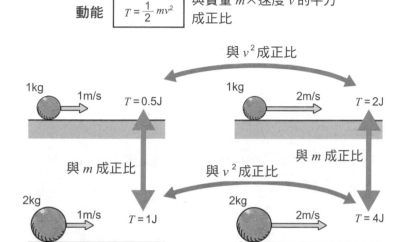

物體質量越大、速度越快，則動能越大

圖2　位能

位能　$\boxed{U = mgh}$　與質量 $m \times$ 高度 h
成正比

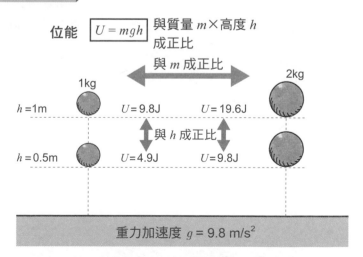

重力加速度 $g = 9.8 \text{ m/s}^2$

物體質量越大、高度越高，則位能越大

彈簧的功與能
——彈性能

　　按壓式的原子筆或是自動鉛筆，筆內的彈簧會將我們按壓的力轉換成能量，而作功。讓我們一起來研究彈簧。

　　如圖 1 之①所示，當固體受力，隨著力的大小，變形的狀況呈正比，力消失後又變回原來的形狀，此性質稱為**彈性**。外力 F 與變形量 x 之間的比例係數假設為 k，可表示為 $F = kx$。這裡的比例係數稱為**彈性係數**。此關係式的命名來自發現者，稱為**虎克定律**。然而，虎克定律並非僅限於彈性的定律。

　　②的彈簧，力 F 與變形量 x 在某一範圍內成正比，故適用於虎克定律，表示為 $F = kx$。彈簧的比例係數稱為**彈簧常數**。彈簧常數的單位為導出單位 N/m。

　　在②的例子 ，施予力 $F = 20N$，使發生 0.1m 的伸長量，彈簧常數

$$k = \frac{F}{x} = \frac{20}{0.1} = 200N/m。$$

　　在圖 2 中，螺旋彈簧的一端繫在重物上，以力 F 使之伸長 x 的距離。將此伸長量與力作圖，則斜線的斜率即為彈簧常數 k，直線與 x、y 軸圍成的面積 W，則為外力對彈簧作的功。

　　若彈簧受到功，沒有彈回，能量就被儲存在彈簧裡。此能量稱為**彈性位能**。彈性位能是指伸長 x 的位移量所形成的位能。例如，彈簧常數為 400N/m 的彈簧伸長 5cm 後停止，此彈簧則具有 0.5J 的彈性位能。

圖1　虎克定律與彈簧常數

① 發生於彈性體的虎克定律

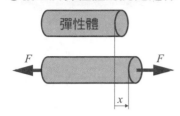

彈性體

F ← → F

x

② 彈簧的受力

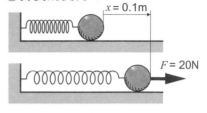

$x = 0.1\text{m}$

$F = 20\text{N}$

虎克定律　$\boxed{F = kx}$

彈性體（固體）
k：彈性係數

彈簧
k：彈簧常數 (N/m)

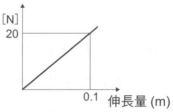

[N]

20

0.1　伸長量 (m)

$$k = \frac{F}{x} = \frac{20}{0.1} = \boxed{200\,[\text{N/m}]}$$

圖2　彈性位能

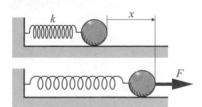

k　x

F

● **力對彈簧作功**

$$W = \frac{1}{2}Fx$$

$$= \frac{1}{2}kx \cdot x = \boxed{\frac{1}{2}kx^2}$$

● **彈簧具有的彈性位能**

$$U = \boxed{\frac{1}{2}kx^2}$$

● **彈簧常數為 400N/m**
彈簧伸長 0.05 公尺時的彈性能

$$U = \frac{1}{2}kx^2 = \frac{1}{2} \times 400 \times 0.05^2$$

$$= \boxed{0.5\,[\text{J}]}$$

力

F

$k = \frac{F}{x}$

W

x　伸長量

重力為保存能量的力
──力學能守恆定律

讓我們來思考物體的位能。

朝重力的反方向，將物體抬至高處，並維持其高度，此時物體保有作功的能量。由於重力隨時隨地持續吸引著物體，可說物體將其受到的功保存為位能。重力為物體所受的外力，重力作功可轉換為位能，稱為**保守力**。

位能的大小取決於物體的高度。也就是說，**不管透過什麼樣的路徑將物體舉高，，只要高度差相同，作功大小均相同**。另外，重力吸引物體而對物體作功的大小，亦僅取決於高度。也就是說，**不管透過什麼樣的路徑，只要高度差相同**，重力對物體所作的功均相同。此為保守力的特性（圖1）。

接著，思考物體自由落下與重力之間的關係。在自由落體過程中，作用於物體的力主要是重力。也就是說，可以視**自由落體過程中，重力吸引物體所作的功**。

在圖2中，從狀態①運動至狀態②，物體的速度增加，動能也增加。重力對物體作功的大小，等於物體位能減少的大小。此二者相等，可以式⑴表示。將式⑴左邊放置狀態①，右邊放置狀態②，變形後成為式⑵。也就是說，不管是狀態①或②，位能與動能和都不變。以公式⑶表達此概念。

依此思考，**只受到重力也就是保守力而運動的物體，不論高度為何，位能與動能的和均相等，稱為能量守恆定律**。

圖1　重力為保守力

①重力與位能

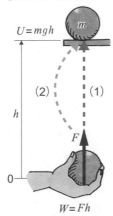

$U = mgh$

h

F

0

$W = Fh$

②重力所作的功

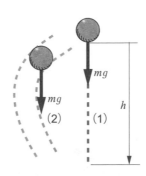

mg

(2)

mg

(1)

h

抵抗重力，施力將物體抬起作功，以及重力對物
體所作的功，均與物體運動路徑無關，而為 mgh

圖2　力學能守恆定律

$v_0 = 0$

①

v_1

②

v_2

h

h_1

h_2

0

v

物體從①到②作運動
所得到的位能　　　　　重力所作的功

$$\frac{1}{2}mv_2{}^2 - \frac{1}{2}mv_1{}^2 = mgh_1 - mgh_2 \qquad \text{......} (1)$$

狀態①　　　　　　　狀態②

$$\therefore \quad mgh_1 + \frac{1}{2}mv_1{}^2 = mgh_2 + \frac{1}{2}mv_2{}^2 \qquad \text{......} (2)$$

在任何狀況下，式(2)均成立

$$E = mgh + \frac{1}{2}mv^2 = \text{定值} \qquad \text{......} (3)$$

能量守恆定律：物體位能與動能和
為恆定

4-9 雲霄飛車的運動
——運用能量守恆定律

雲霄飛車的馬達使飛車升高到最高點，一旦開始向下滑行，則**未受到任何外力作用**一路跑到終點。究竟它是如何運動才能跑過這樣複雜的軌道呢？因為運用了能量守恆定律。

不知大家是否會這樣想：「能量守恆定律，就是自由落體嗎？」在前一節中說明過，「只受到保守力而運動的物體，不論高度為何，位能與動能總和、亦即力學能總和，均為不變」。雲霄飛車在阻力很小的軌道上，同時受到重力及軌道上的垂直抵抗力，由於垂直抵抗力恆與運動方向垂直，故不作功。所以，雲霄飛車僅依賴重力，也就是**僅依賴保守力而運動**。再者，由於此保守力的特性由高度決定，故與經過的路徑無關。也就是說，不論軌道繞什麼路徑前進，雲霄飛車的力學能保持不變（圖1）。

讓我們從能量守恆定律來觀察雲霄飛車的運動（圖2）。頂點的速度設為零。將算式所有項目同步刪掉質量，使質量項目消失。這樣一來，可從自由落體的高度差，求得速度的變化。

利用此公式，來計算日本山梨縣富士急高原著名的「富士山」雲霄飛車，掉落高度差為70m，求解速度。富士山雲霄飛車官方公告的大高速度為130km/h。經過我們計算結果可得135km/h，再減去實際狀況的摩擦力等等，幾乎可以說是得到了相同的答案。

圖1　雲霄飛車與能量守恆

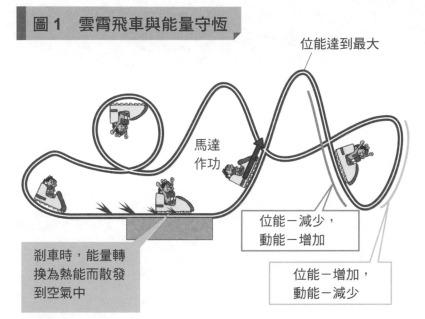

位能達到最大

馬達
作功

剎車時，能量轉
換為熱能而散發
到空氣中

位能－減少，
動能－增加

位能－增加，
動能－減少

圖2　雲霄飛車的最大速度

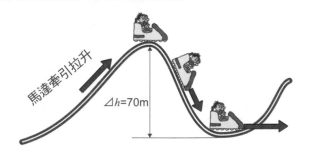

馬達牽引拉升

$\Delta h = 70m$

$mgh_1 + \dfrac{1}{2}mv_1^2 = mgh_2 + \dfrac{1}{2}mv_2^2$ 　……依據能量守恆定律

$mgh_1 = mgh_2 + \dfrac{1}{2}mv_2^2$

$mg(h_1 - h_2) = \dfrac{1}{2}mv_2^2$ 　　最大速度的計算

$\therefore \boxed{v_2 = \sqrt{2g(h_1 - h_2)}}$
速度決定於高度差

$$v_2 = \sqrt{2g(h_1 - h_2)}$$
$$= \sqrt{2 \times 10 \times 70} \times 3.6$$
$$\fallingdotseq 135\,[\text{km/h}]$$

143

鞦韆的擺動
——單擺的能量守恆定律

讓孩子乘坐在鞦韆上，父母輕輕地推動鞦韆，這種運動稱為**擺動**，此亦為探討能量守恆定律很適當的例子。

自己不會盪鞦韆的孩子坐在鞦韆上，是不會產生擺動的。於是，父母替孩子將鞦韆拉到某一高度。孩子在此過程中得到父母所作的功，而產生位能。當父母把手放開，孩子因重力而開始下降。孩子通過最低點，然後高度再次上升，直到抵達另一端的最高點，再盪回來（圖 1）。

若在此運動中不考慮摩擦力等阻力，所有作用的只有重力與支撐鞦韆的張力。張力垂直於運動方向，故與運動有關的保守力僅有重力。也就是說，盪鞦韆也屬於能量守恆的運動。

由鞦韆的運動，我們來探討繫在繩子上重物的擺動，以力學的觀點思考最低點的速度。此運動需要知道繩子的長度，繩子的質量暫時先不考慮。重物擺動的高度，以鉛錘線與繩子的夾角來計算（圖 2）。

當重物從高點開始擺動，此時重物的位能最大，當重物在最低點時，重物的動能最大。此二處能量的大小一致，可以能量守恆定律的公式整理之，則可以得到類似前一節速度決定於高度差的公式。作用在重物上的繩子張力與運動方向無關。

圖1 盪鞦韆

鞦韆及能量守恆定律

0→1	父母對鞦韆作功
1	位能達到最大
1→2	位能減少 動能增加
2	動能達到最大
2→3	位能增加 動能減少
3	動能為零

圖2 單擺運動

點1的位能 = 點2的動能

$$mgL(1-\cos\theta) = \frac{1}{2}mv_2^2$$

$$v_2^2 = 2gL(1-\cos\theta)$$

$$\therefore \boxed{v_2 = \sqrt{2gL(1-\cos\theta)}}$$

速度決定於高度差

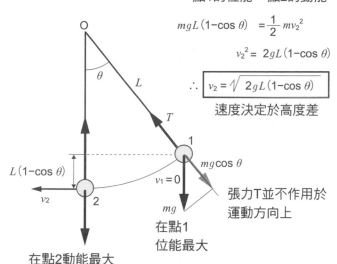

張力T並不作用於運動方向上

在點1 位能最大

在點2動能最大

摩擦力消耗能量
──非保守力

日常生活中你也許發現過這樣的現象：在相對較為光滑的地面，以同樣的速度滑動不同的箱子，每個箱子重量雖然都不同，但最後停下來的位置卻都差不多。

這是僅受到保守力的運動，力學能的總和為恆定。再者，於水平面無高度的變化，速度也保持一定，維持等速度運動。

現實中，地面存在有摩擦力，運動的物體具有能量，因對抗磨擦力作功而能量減少。減少的能量，主要以熱與聲音的形式擴散到空氣中。像摩擦力這種使能量減少的力，稱為**非保守力**。

如圖所示，於存在有摩擦力的水平地面上，將質量 m 的箱子以初速度 v 用力地推出，開始滑行，由於受到動摩擦力，使行李滑行了 s 的距離後停止。讓我們來檢視這個運動。

運動發生於水平面上，故沒有重力造成的位能變化。將箱子推出，作用於箱子上的能量僅有式(1) $\frac{1}{2} m v^2$ 的動能。

此運動過程中發生的動摩擦力 f 於距離 s 中持續作負功 $mg\mu s$，列出式(2)得到 $\frac{1}{2} m v^2 - mg\mu s = 0$。將式(2)的 s 整理，消去質量 m，得到式(3) $s = \dfrac{v^2}{2g\mu}$。也就是說，物體的質量與此運動無關。

假設初速度 $v = 3\text{m/s}$、動摩擦係數 $\mu = 0.3$，則能滑行約 1.5m。如果擔心在家裡嘗試會傷到地板，若需要做實驗驗證，請找到合適的地方來試試。

對抗磨擦力

重量不同的箱子均大
約停止在相同的位置

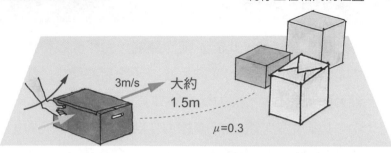

3m/s　大約
1.5m

$\mu = 0.3$

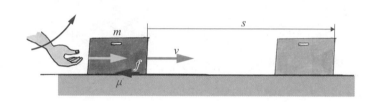

$\frac{1}{2} mv^2$ ......(1)　施予箱子的動能 T

$\frac{1}{2} mv^2 - fs = 0$

$fs = mg\mu s$　　對抗動摩擦力的作功 U

$\frac{1}{2} mv^2 - mg\mu s = 0$ ......(2)　$T - U = 0$

$s = \dfrac{v^2}{2g\mu}$ ......(3)

$= \dfrac{3^2}{2 \times 10 \times 0.3}$

● 設重力加速度 g 為 10m/s²

● 動摩擦係數受接觸面
　粗糙度而定

$= \boxed{1.5\,[\text{m}]}$

力學能與熱能
——作功與熱

物體生熱代表具有能量，此能量稱作**熱能**。力學能要轉換成熱能很容易，但熱能轉換成力學能的逆向反應並不會自然發生。與熱相關的領域稱為**熱力學**，而力學與熱力學之間具有密不可分的關係。

在圖 1 中，運動中的物體由於摩擦力作功，因此力學能與速度同時減少。而力學能消失後，物體則停止。消失的力學能，藉由熱能的形式暫時儲存在物體內部及接觸面上，使溫度上升，最終則散逸至大氣中。

然而，對靜止的物體加熱，物體卻不會運動。這是因為能量轉換為熱是單行道式的不可逆轉換。熱為能量在物體間傳遞的一種方式，而溫度為顯示熱的量測標準。

如圖 2 之①所示，熱力學的溫度以**絕對溫度 T**表示。絕對溫度於古典力學中，指的是**原子運動完全停止的狀態**。**絕對零度**相當於日常使用的攝氏溫度 −273.15 度，絕對溫度 (T) 與攝氏溫度 (t) 的關係式為 $T = t + 273$。絕對溫度的單位為 K（克式溫標）。

如圖 2 之②所示，在自然界中，熱量由高溫移動到低溫。熱的移動將能量從高溫物體帶至低溫物體，經過長時間後，兩個物體達到相同溫度時，熱的移動即停止，此狀態稱為**熱平衡**。

圖1 能量形式的改變

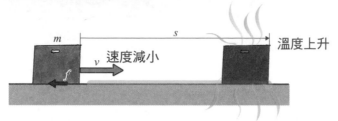

對抗摩擦力的作功，使力學能減少，熱能增加，溫度
上升。熱能最後散逸到大氣中。

在自然狀態下，此為單行道不可逆的轉換

圖2 溫度與熱

①絕對溫度與攝氏溫度

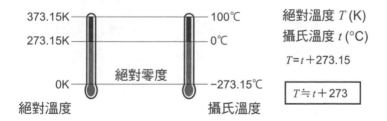

絕對溫度 T (K)
攝氏溫度 t (°C)

$T = t + 273.15$

$T \fallingdotseq t + 273$

②熱的移動使能量發生移動

高溫物體 低溫物體

經過長時間

熱與能量轉移
──熱運動與熱量

　　具有速度的物體，產生的能量稱為動能。熱也是一種能量，稱為**熱量**。如圖 1 所示，物體吸收熱量則溫度上升，物體釋放熱量則溫度下降。熱量的變化雖然會對物體造成能量的增減，但卻不會改變物體本身的運動狀態。當物體受熱，構成物體的分子動能增加，而造成物體的溫度上升。當物體釋放出熱量，構成物體的分子動能減少，而造成物體的溫度下降。如此一般，物體透過構成分子的動能增減，導致溫度變化，來維持能量守恆定律。分子的運動稱為**熱運動**，熱運動會產生動能，為了與力學能區別，稱為**內能**。

　　不同的物體，有的容易加熱、有的容易冷卻，因此不同的物體對熱的反應均不同。使某物體的溫度上升 1℃ 或 K 所需要的熱量，稱為**熱容量**。熱容量隨物體的大小與材質而有不同，故將**不同物體材質每單位質量的熱容量**，定義為**比熱**。

　　如圖 2 所示，物體的熱容量越大，對溫度變化的抵抗也越大，也就是溫度較不容易產生變化。假設質量為 m (kg)、比熱為 c(J/(kg・K)），則熱容量 C 為 $C = mc$ (J/K)。

　　使物體的溫度發生 ΔT 的變化，所需要的熱量 Q 為 $Q = C\Delta T = mc\Delta T$ (J)，表示熱能轉移的程度。

圖1 熱運動與溫度變化

熱量 Q

溫度
上升

溫度
下降

熱量 Q

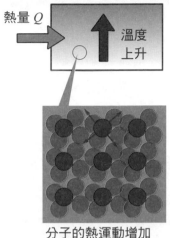

分子的熱運動增加

分子的熱運動減少

圖2 熱容量與熱量

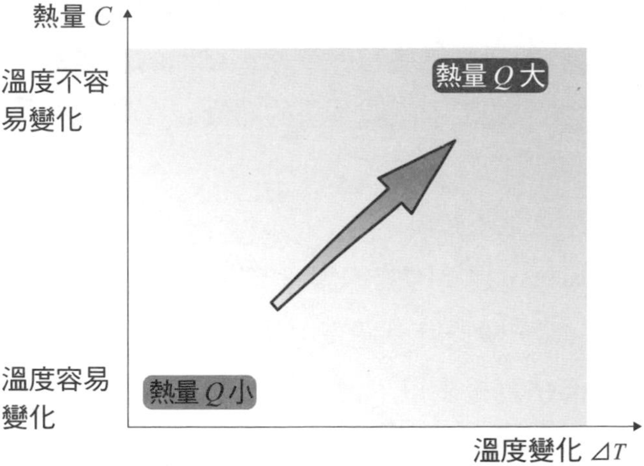

熱量 C

溫度不容
易變化

熱量 Q 大

熱量 Q 小

溫度容易
變化

溫度變化 ΔT

熱容量 $C = mc$ 熱量 $Q = C\Delta T = mc\Delta T$

熱量守恆
——熱力學第一定律

　　如同牛頓力學的力學能守恆，**熱的移動，能量也守恆**。如圖①所示，與外界的熱能傳遞完全隔絕的狀態，稱為**封閉系統**。在封閉系統中，使高溫的物體與低溫的物體接觸，則熱量由高溫物體移動到低溫物體，達成熱平衡，則兩物體的溫度相等。由於與外界沒有熱能的交換，因此系統內高溫物體減少的熱量將等於低溫物體增加的熱量。

　　即使熱量發生移動，封閉系統內整體的熱量依然維持恆定。此為**熱力學的能量守恆定律**。

　　如②所示，一起來探討一個與空氣沒有熱交換的封閉系統。在質量 1kg、溫度 20℃的水中，投入一質量 0.5kg、溫度 150℃的鐵塊，試求達到熱平衡之後的溫度。設水的比熱為 4.2 kJ/（kg・K）、鐵的比熱為 0.42 kJ/（kg・K）。

　　假設達到熱平衡後的溫度為 t，則 t 必介於鐵塊的溫度 150℃與水的溫度 20℃之間。由於熱量從鐵塊移動到水，鐵塊的溫度差為 $150 - t$、水的溫度差為 $t - 20$。式(1)中鐵塊失去的熱量 Q_1，與式(2)水得到的熱量 Q_2 相等，以此計算 t 約為 26.2 ℃。

　　在此計算中，請注意以下幾點：

(1) 溫度以攝氏為單位，這是因為絕對溫度的溫度差 $\varDelta T$ 與攝氏溫度的溫度差 $\varDelta T$ 相等，故於計算過程中省略了 + 273。

(2) Q_1 與 Q_2 的值無法直接求得，但比熱 c 的單位為 kJ/（kg・K），故可計算出熱量，單位為 kJ。

熱力學能量守恆定律

①能量守恆

封閉系統

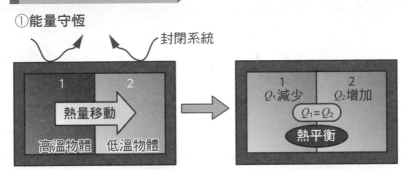

②熱力學能量守恆定律的計算範例

水 1kg、20℃、4.2kJ/(kg·K)

熱平衡

鐵 0.5kg、150℃、0.42kJ/(kg·K)

假設熱平衡後的
溫度為t

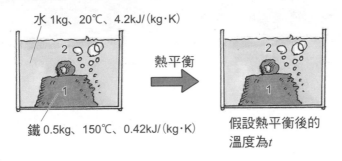

- 鐵塊損失的熱量

※1 $(150+273-(t+273))$
t 為溫度差，省略 + 273

$$Q_1 = m_1 c_1 \Delta T_1 = 0.5 \times 0.42 \times (150-t)$$
$$\cdots\cdots(1)$$

- 水得到的熱量

※2 因比熱的單位為kJ/（kg·K），故Q的單位為kJ

$$Q_2 = m_2 c_2 \Delta T_2 = 1 \times 4.2 \times (t-20)$$
$$\cdots\cdots(2)$$

- 計算範例

2倍

$$Q_1 = Q_2 \quad 0.5 \times 0.42 \times (150-t) = 1 \times 4.2 \times (t-20)$$

10倍

這樣計算比較
輕鬆！

$$150-t = 20 \times (t-20)$$
$$-21t = -550$$
$$\boxed{t \fallingdotseq 26.2[℃]}$$

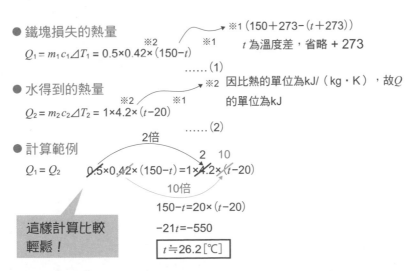

能量轉換與腳踏車剎車
——熱與作功

　　最近的電動輔助腳踏車，以及家用轎車、電車等，陸續看到如圖 1 之①所示的再生剎車系統，可以將一部分的動能轉換成電能，並運用馬達將能量進行轉換為力學能。如②中為原理較為簡單的摩擦式剎車的概略圖，剎車將力學能透過剎車作功，使之轉換為熱能，釋放到空氣中以達成剎車的目的。不知你是否看過腳踏車的後輪剎車鐵殼上，貼著「小心高溫」的貼紙？這是因為，剎車產生的熱能會使溫度升高。以下我們會以簡化的方法來探討這件事。

　　如圖 2 所示，質量 25kg 的腳踏車載著體重 55kg 的人，以 4m/s 的速度水平移動。接著，不疾不徐地操作剎車，使腳踏車停止。此時後輪剎車鐵殼的溫度會上升幾度 k 呢？

　　假設人與腳踏車的總質量為 M、剎車的質量為 m、剎車的比熱為 c、溫度變化為 ΔT、速度為 v。式(1)的 $T = \dfrac{1}{2} M \Delta v^2$ 為腳踏車的動能 T，式(2)的 $Q = mc \, \Delta T$ 為剎車所轉換的熱量 Q。因為 $T = Q$，所以式(3)中將 $\dfrac{1}{2} M \Delta v^2 = mc \, \Delta T$ 變形，求解 ΔT。在此需要小心，剎車的比熱設為 kJ，若忘記要將 kJ 轉換成 J，少乘了 1000 倍，則會得到很離譜的答案。可先將 0.4 kJ 轉換為 400J，則省去乘以 1000 倍的必要。

　　小心求得答案為 2.7K，也就是 2.7 度 k 的溫度增加。請不要感到疑惑：這就是所謂「高溫」？因為這是一次剎車的溫度增加，若累積多次，則溫度將增加到相當高的程度。

圖1 能量轉換的形式

①電能與力學能的轉換

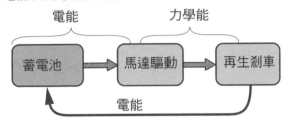

②散逸到空氣中的熱能

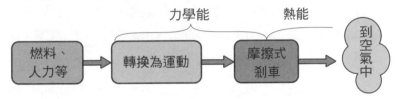

圖2 腳踏車剎車的能量轉換

後輪剎車的質量 $600g = m$

腳踏車 25kg + 人 55kg = 80kg = M

比熱 $c = 0.4$kJ/(kg・K)

$v = 4$m/s = 14.4km/h

腳踏車的動能 T

$$T = \frac{1}{2}M\Delta v^2 \quad \cdots\cdots (1)$$

剎車轉換的熱量 Q

$$Q = mc\Delta T \quad \cdots\cdots (2)$$

腳踏車停止的條件為 $T = Q$

$$\frac{1}{2}M\Delta v^2 = mc\Delta T \quad \cdots\cdots (3)$$

$$\therefore \Delta T = \frac{1}{2}\frac{M\Delta v^2}{mc} \quad \boxed{0.4\text{kJ}/(\text{kg·K})} \text{ 的換算}$$

$$= \frac{80 \times 4^2}{2 \times 0.6 \times 0.4 \times 10^3}$$

$$\fallingdotseq \boxed{2.7 [\text{K}]}$$

能量大小與作功速率
——功率

　　功為力和位移的乘積，是一與時間無關的量。在日常生活中我們經常說「這個人能量充沛」、「這輛車好猛」指的是運動速度很快，或者是加速度很快的意思。

　　如圖 1 之①所示，把作功的量 W 除以作功的時間 t，會得到**功率** P。$P = \dfrac{W}{t}$ 為功率的定義，單位為具有固有名稱的導出單位 W（瓦特）。如②所示，功 $W = Fs$，將此式左右同除以時間，因 $\dfrac{s}{t}$ 為速度 v，故 $P = Fv$，也就是說，功率也為力和速度的乘積。力越大、速度越快，則功率越大。

　　如圖 2 所示，設腳踏車的質量 25kg，人的體重 60kg，總質量 85kg。腳踏車從停止狀態出發 10 秒後，速度達到 4 m/s = 14.4 km/h。試求腳踏車騎士的功率。

　　設該運動為等加速度運動。加速度為 a，將 $F = ma$ 代入 $P = Fv$，形成式(1) $P = mav$。

　　因為加速度 $a = \dfrac{v}{t}$，代入式(1)，則可得式(2) $P = \dfrac{mv^2}{t}$。將各項代入，得到 136W。

　　講 136W，不會有什麼感覺吧！這就是以 136N 的力，用 1 秒的時間移動物體 1 公尺，也就是 136 N・m/s。在機械設計的領域，人們操作的施力雖然條件不同，但大約介於 100N 至 200N 之間，也就是說，大約相對於功率為 100W 到 400W 的程度。

　　電動輔助腳踏車所搭載的馬達額訂輸出（功率）約為 250W 左右。在右頁的範例中，腳踏車經 10 秒的行進距離為 20 公尺，人力踩腳踏車比電動腳踏車慢，這也屬於我們日常生活中的體驗。

圖1 功率

①功率為單位時間所作功

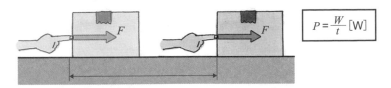

$$P = \frac{W}{t} \ [\text{W}]$$

②功率為力與速度的乘積

$$W = Fs \quad P = \frac{W}{t} = F\frac{s}{t} \quad \frac{s}{t} = v$$

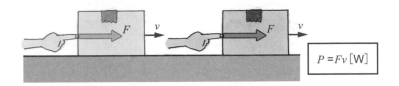

$$P = Fv \ [\text{W}]$$

圖2 踩腳踏車的功率

設腳踏車 25kg + 人 60kg = 85kg

假設經 10 秒速度達到
4 m/s = 14.4 km/h
為等加速度運動

$P = Fv = mav$ ......(1)

$a = \frac{v}{t}$

$P = m\frac{v^2}{t}$ ......(2)

$= \frac{85 \times 4^2}{10} = \boxed{136\,[\text{W}]}$

求行進距離

$s = \frac{1}{2}at^2 \quad a = \frac{v}{t}$

$s = \frac{1}{2}vt$ ......(3)

$= \frac{1}{2} \times 4 \times 10 = \boxed{20\,[\text{m}]}$

差動滑車的作功
──功率的計算

　　如右頁所呈現的滑輪裝置稱為**差動滑車**。這是一組由直徑不同的兩個滑輪組合成定滑輪與動滑輪而成的裝置。讓我們運用力矩的觀念，來探討此裝置的原理。滑輪與繩子重量可忽略不計。

　　重物的重量被動滑輪分成兩等份 $\frac{mg}{2}$，分別掛在輪的 A 側與軸的 B 側。現在我們先不討論動滑輪的部份。

　　定滑輪輪軸，若欲向逆時針方向轉動，所受的力為掛在輪左側 A 質量為 $\frac{mg}{2}$，得到力矩式(1) $ML = \frac{mg}{2} R$。

　　接著，輪軸欲向順時針方向轉動的力，包含掛在軸 B 側的 $\frac{mg}{2}$、以及施於定滑輪的力 F，故可得式(2) $MR = \frac{mg}{2} r + F \times R$。

　　輪軸欲向逆時針轉動的力作功，與輪軸欲向順時針轉動的力作功，達到力矩平衡，列出式(3) $\frac{mg}{2} R = \frac{mg}{2} r + F \times R$，變形為式(4) $F = \frac{mg(R-r)}{2R}$，可求解力 F。

　　讓我們試求，欲將 1000N、也就是 100kg 的重物提起 1 公尺時的作功吧。設軸半徑 $r = 0.8R$。

　　將上述條件代入①的式(4)，F 為 100N。運用差動滑車，施力竟然為重物的 $\frac{1}{10}$。在②中所作的功，為施予重物上的 1000N×1m = 1000J。在③中可以知道，即使用力比較輕鬆，在作功上卻沒有占到便宜。欲將重物提高 1 公尺，必須要將繩子拉動 10 公尺。在④中，若此作功過程於 20 秒期間完成，則此人的功率為 $50W$。這是一般人都可以輕易做到的。然而在此計算中，滑輪裝置與繩子的重量以及摩擦力等對於作功的阻力，均沒有算進去。

　　這種裝置，有時也稱為絞車。

差動滑車作功

外觀

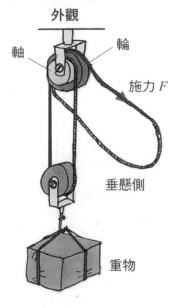

軸　輪

施力 F

垂懸側

重物

結構

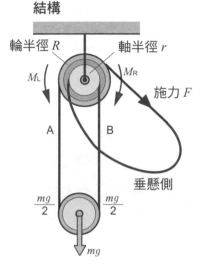

輪半徑 R　軸半徑 r

M_L　M_R

施力 F

A　B

垂懸側

$\dfrac{mg}{2}$　$\dfrac{mg}{2}$

mg

力矩的計算

欲向左轉動的力矩：M_L　　　　　　$M_L = \dfrac{mg}{2}R$　　　…(1)

欲向右轉動的力矩：M_R　　　　　　$M_R = \dfrac{mg}{2}r + F \cdot R$　　…(2)

$M_L = M_R$　　$\dfrac{mg}{2}R = \dfrac{mg}{2}r + F \cdot R$　…(3)　　$\therefore \boxed{F = \dfrac{mg(R-r)}{2R}}$　…(4)

①求施力 F

$\begin{cases} mg = 1000N \\ r = 0.8R \end{cases}$

$F = \dfrac{mg(R-r)}{2R}$

$= \dfrac{1000 \times (R-0.8R)}{2R}$

$= \dfrac{1000 \times (R-0.8R)}{2R}$

$= \boxed{100\,[N]}$

②將重物拉升 1m 時需要作功

$W = Fs = 1000 \times 1 = \boxed{1000\,[J]}$

③拉動繩子的長度

$W = Fs$　　$s = \dfrac{W}{F} = \dfrac{1000}{100} = \boxed{10\,[m]}$

④ 20 秒作功完成的功率

$P = \dfrac{W}{t} = \dfrac{1000}{20} = \boxed{50\,[W]}$

地下鐵軌道的節能對策

　　我們很少有機會能看到在地面行走的電車，但在地下鐵月台的終點站等待電車，會發現在某些車站，車廂是爬著上坡進入月台的。而當重新發車，電車是向下坡跑開始加速。也就是月台位於凸狀鐵軌的頂點。

　　以往，這種設計的理由被認為是要與其他鐵路產生立體公差，或是為了排放地下水，但現今此設計目的比較傾向節能對策。

　　機制是這樣的：當車廂進入月台，暫時停止電車馬達的動力，並利用慣性使之爬上坡道，將動能減少，轉換成位能，則可以減少剎車所需要負功量。

　　當車廂從月台出發，只需要以馬達對車廂施予一點點的力，就能使之滑下坡道，位能的減少轉換成動能，亦能減少加速時馬達所需要的作功量。亦即在電車的運行過程中，會將車廂的力學能，如同雲霄飛車般，使動能與位能互相轉換。

　　這樣一來，推動車廂所需要的能量，以及剎車時所需要的能量均可減少，達到節能的功效。對於在地底下運行的地下鐵來說，能夠盡量減少散逸到隧道裡的熱能，是很重要的事情。

第 5 章

動量與衝量

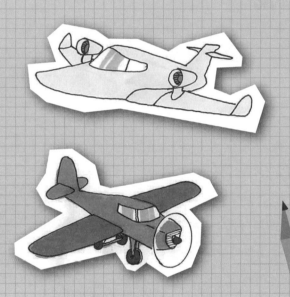

觀看足球或相撲運動時，想必大家對於選手身體的動作，都會感到一股氣勢。釘釘子的時候，也會發現鐵鎚敲擊到釘子時的氣勢相當重要。「氣勢」究竟是什麼呢？在這章裡將會以動量與衝量來探討什麼是「氣勢」。

動量顯示物體運動的慣性
──動量守恆定律

　　質量 m 的物體，以速度 v 運動，乘積 mv 稱為物體的**動量**（圖 1）。**動量為顯示運動慣性的量，是一個與速度同方向的向量**。單位為組合單位的 kg・m/s。於此物體上施力 F，經過時間 t，物體的運動將產生變化。**施加於物體的力與時間的乘積 Ft，稱做衝量**。衝量是一個與力方向相同的向量，單位為 N・s。

　　試著思考動量與衝量的關係。同樣對上述質量 m、以速度 v 運動的物體，沿著物體運動速度的方向，在 t 時間內施力 F，則物體速度從 v 變化至 v'，加速度為 a，如圖 1 式(1)所示為 $\dfrac{v'-v}{t}$。將第二運動定律的公式(2) $ma = F$ 代入式(1)，可得式(3) $mv' - mv = Ft$。由此式可以得知，物體的動量變化，即等於受到的衝量。雖然動量與衝量的單位不同，但可將 kg・m/s 變形成（kg・m/s²）$s = N・s$，故式(3)成立。

　　以碰撞範例為例。如圖 2 所示，假設質量 m_1、速度 v_1 的物體 1 以及質量 m_2；速度 v_2 的物體 2 在一直線上發生碰撞，在時間 t 的期間內由於作用力與反作用力，碰撞後分別成為 v_1'、v_2' 的速度。套用圖 1 的式(3)，物體 1 可得式(1) $m_1v_1' - m_1v_1 = -Ft$，物體 2 則可用式(2) $m_2v_2' - m_2v_2 = -Ft$ 表示。將兩個式子整理後，因碰撞前後兩個物體的總動量相等，故能得到式(3) $m_1v_1 + m_2v_2 = m_1v_1' + m_2v_2'$。

　　也就是說，**數個物體的力互相作用，各物體的運動狀態發生變化，若沒有外力介入，則這些物體的總動量為恆定。此為動量守恆定律。**

圖1　動量與衝量

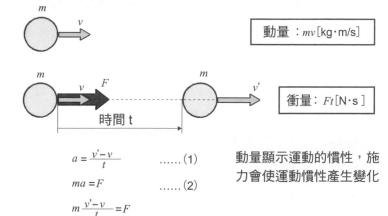

動量：$mv[\text{kg·m/s}]$

衝量：$Ft[\text{N·s}]$

$$a = \frac{v'-v}{t} \qquad \cdots\cdots(1)$$

$$ma = F \qquad \cdots\cdots(2)$$

$$m\frac{v'-v}{t} = F$$

$$\therefore mv' - mv = Ft \qquad \cdots\cdots(3)$$

動量顯示運動的慣性，施力會使運動慣性產生變化

動量的變化 = 衝量

圖2　動量守恆定律

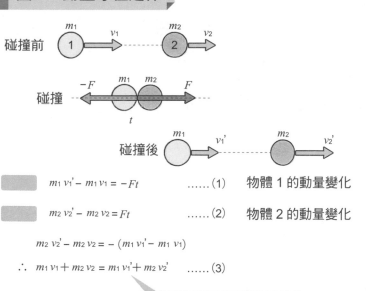

碰撞前

碰撞

碰撞後

$$m_1 v_1' - m_1 v_1 = -Ft \qquad \cdots\cdots(1) \quad \text{物體 1 的動量變化}$$

$$m_2 v_2' - m_2 v_2 = Ft \qquad \cdots\cdots(2) \quad \text{物體 2 的動量變化}$$

$$m_2 v_2' - m_2 v_2 = -(m_1 v_1' - m_1 v_1)$$

$$\therefore m_1 v_1 + m_2 v_2 = m_1 v_1' + m_2 v_2' \qquad \cdots\cdots(3)$$

變化前後，總動量不變

動量與動能
──公式的變形

動量以物體質量與速度的乘積來表示。同樣的，使用物體質量與速度來表示的物理量，還有第 4 章所提到的**動能**。

欲適切地分別使用動量與動能於正確的場合，請這樣記憶：**速度因力與時間的影響（也就是衝量）而發生變化，代表動量。力與距離造成的作功與能量變化，則是動能。**

如圖 1 所示，對靜止中、質量為 m 的物體，於時間 t 內施力 F，則物體以等加速度 a 移動 s 距離，並達到 v 速度。在①中，用運動方程式 $ma = F$ 代入加速度 $a = \dfrac{v}{t}$ 並將公式整理，可得**動量與衝量的關係式** $ma - Ft = 0$。

另一方面，觀察②初速度為零的等加速度運動，得到 $v^2 = 2as$。以運動方程式 $a = \dfrac{F}{m}$ 代入並整理，可得**動能與作功的關係式** $\dfrac{1}{2} mv^2 - Fs = 0$。如同這般，在同一個運動中隨著求解目的不同，展開式也會發生變化。

至於兩個式子是否完全不同，也並不是這樣的。圖 2 中，我們試著將動量與動能相互變換。

在①動量與衝量的關係式中，從圖導出 $t = \dfrac{2s}{v}$ 代入並整理，得到動能與作功的關係式。

在②動能與作功的關係式中，從圖導入 $s = \dfrac{1}{2} vt$ 代入並整理，得到動量與衝量的關係式。

也就是說，若在同一個運動中選擇的量不同，運用的公式形式也會不同。

圖 1　動量與動能

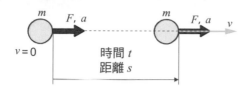

① $ma = F$

$m\dfrac{v}{t} = F$

$mv = Ft$

$\therefore \boxed{mv - Ft = 0}$

動量與衝量關係式

② $v^2 = 2as$

$a = \dfrac{F}{m}$

$v^2 = \dfrac{2Fs}{m}$

$\dfrac{1}{2}mv^2 = Fs$

$\therefore \boxed{\dfrac{1}{2}mv^2 - Fs = 0}$

動能與作功關係式

圖 2　衝量與功

①從動量與衝量關係式，變形為動能與作功關係式

$\boxed{mv - Ft = 0}$ に

將 $t = \dfrac{2s}{v}$ 代入

$mv - F\dfrac{2s}{v} = 0$

再將等號兩邊同時乘以 $\dfrac{v}{2}$

$\boxed{\dfrac{1}{2}mv^2 - Fs = 0}$

等加速度運動的時間速度圖

由圖可知

$s = \dfrac{1}{2}vt$

$t = \dfrac{2s}{v}$

②從動能與作功關係式，變形為動量與衝量關係式

$\boxed{\dfrac{1}{2}mv^2 - Fs = 0}$

將 $s = \dfrac{1}{2}vt$ 代入

$\dfrac{1}{2}mv^2 - F\dfrac{1}{2}vt = 0$

再將等號兩邊同時乘以 $\dfrac{2}{v}$

$\boxed{mv - Ft = 0}$

※ 同一運動的計算方式不同，可得動量或動能

能量的作功與衝量
——計算範例

能量代表能夠作功的量，現在我們來探討能量與衝量的關係。如右上圖所示，對木板上的釘子，以質量 1kg 的鐵球從高度 1m 的地方落下碰撞釘子，假設釘子因此被釘入的深度為 1cm。此處重力加速度假設為 $g=10\text{m/s}^2$

試計算鐵球與釘子碰撞時的速度，從式(1) $v = \sqrt{2gh}$ 可求得速度為 4.5 m/s。動能約 10J，如式(2)所示，根據力學能守恆定律，鐵球產生的動能等於落下前的位能。將此值全部換算成釘子受到的作功量，如式(3)所示，釘子受到 1000N 的力。此為鐵球重的 100 倍。

究竟為什麼會放大成 100 倍的力呢？在此，讓我們試著以代表運動氣勢的動量，以及總是與動量成雙成對出現的衝量，兩者一起來探討。

鐵球敲擊到釘子，釘子鑽入木板的速度，由式(6)的 $v = \dfrac{h}{t}$ 可求得為 2.2m/s。由此可以得知，鐵球與釘子在 0.0045 秒的碰撞期間內，以速度 2.2m/s 一起行進。

對了，當我們另外將鐵球放在釘子上 0.45 秒，計算衝量一樣是 4.5 N・s，但這種情況下，釘子並不會被釘入木板裡。理由是因為沒有發生碰撞。因此物體碰撞時，衝量代表在短時間的動量變化。

作功與碰撞

鐵球的動能，對釘子作功，可求釘子受到的力

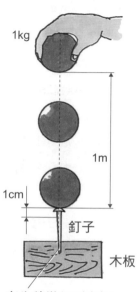

1kg

1m

1cm

釘子

木板

事先稍微釘到木板
裡一點點

能量與作功

$$v = \sqrt{2gh} \qquad \cdots\cdots (1)$$

$$= \sqrt{2 \times 10 \times 1} \fallingdotseq 4.5 \,[\text{m/s}]$$

$$\frac{1}{2}mv^2 = \frac{1}{2} \times 1 \times 4.5^2$$

$$\fallingdotseq 10 \,[\text{J}]$$

$$mgh = 1 \times 10 \times 1 = 10 \,[\text{J}] \left.\right\} \qquad \cdots\cdots (2)$$

$$W = Fs$$

$$F = \frac{W}{s} = \frac{10}{0.01} = \boxed{1000 \,[\text{N}]} \qquad \cdots\cdots (3)$$

受力為鐵球重的100倍

動量與衝量

$$mv = 1 \times 4.5 = 4.5 \,[\text{kg·m/s}] \qquad \cdots\cdots (4)$$

$$Ft = mv = 4.5 \,[\text{N·s}]$$

$$t = \frac{mv}{F} = \frac{4.5}{1000} = \boxed{0.0045 \,[\text{s}]} \qquad \cdots\cdots (5)$$

在極短時間內的碰撞
變化為衝量

$$v = \frac{h}{t} = \frac{0.01}{0.0045} \fallingdotseq 2.2 \,[\text{m/s}] \qquad \cdots\cdots (6)$$

從鐵球的動量與釘子受到的力，可求碰撞時間

物體的碰撞與反彈
──恢復係數

　　不論玩彈珠、撞球、壁球、或者是用球棒打球，都牽涉到不同物體之間的碰撞以及各式各樣的回彈方式。

　　兩物在一直線上互相發生碰撞，碰撞後的回彈方式依物體的**彈性程度**而有不同。將碰撞後的相對速度 $v_1' - v_2'$，除以碰撞前的相對速度 $v_1 - v_2$，稱為**恢復係數** e，也稱為**回彈係數**（圖之①）。

　　在右頁圖中，相對速度以 $v_1 - v_2$ 及 $v_1' - v_2'$ 代表，表示以物體 2 的速度為基準，物體 2 與物體 1 的速度差，此值為正，表示物體 1 向物體 2 靠近，反之為負，則表示物體 2 向物體 1 遠離。

　　恢復係數為介於 0 到 1 之間的值，$e = 1$ 為**完全彈性碰撞**，$e = 0$ 為**完全非彈性碰撞**。完全非彈性碰撞中，碰撞後兩個物體合而為一並一起運動，故也稱為**融合**。

　　在②中，以速度 5m/s 垂直碰撞牆壁的物體，反彈後速度為 −4m/s，因牆壁的速度為零，故物體的恢復係數為 0.8。

　　在③中，碰撞前相對速度為 5m/s 的物體 1 及 2，在碰撞後相對速度變成 −3m/s，則恢復係數為 0.6。

　　在④中，碰撞前相對速度為 5m/s 的物體 1 及 2，在碰撞後相對速度變成 −5m/s，則恢復係數為 1，為完全彈性碰撞。若兩個物體質量相等，則物體 1 與 2 的速度發生**速度交換**。

　　在⑤中，碰撞前相對速度為 5m/s 的物體 1 及 2，在碰撞後相對速度變成 0，則恢復係數為 0，為完全非彈性碰撞。

恢復係數及各種碰撞

① 恢復係數 e

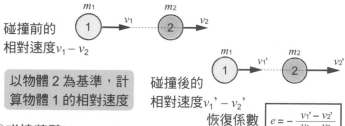

碰撞前的
相對速度 $v_1 - v_2$

以物體 2 為基準，計算物體 1 的相對速度

碰撞後的
相對速度 $v_1' - v_2'$

恢復係數 $\boxed{e = -\dfrac{v_1' - v_2'}{v_1 - v_2}}$

② 碰撞牆壁

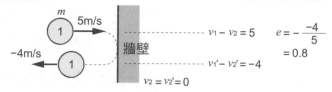

牆壁

$v_1 - v_2 = 5$

$v_1' - v_2' = -4$

$v_2 = v_2' = 0$

$e = -\dfrac{-4}{5}$

$= 0.8$

③ $e < 1$

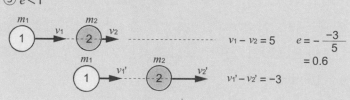

$v_1 - v_2 = 5$

$v_1' - v_2' = -3$

$e = -\dfrac{-3}{5}$

$= 0.6$

④ $e = 1$，完全彈性碰撞

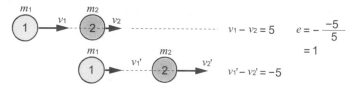

$v_1 - v_2 = 5$

$v_1' - v_2' = -5$

$e = -\dfrac{-5}{5}$

$= 1$

⑤ $e = 0$，完全非彈性碰撞（融合）

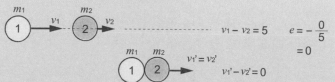

$v_1 - v_2 = 5$

$v_1' = v_2'$

$v_1' - v_2' = 0$

$e = -\dfrac{0}{5}$

$= 0$

自由落體的反彈高度
——自由落體的恢復係數

　　兩個物體在碰撞前後，速度會發生變化，取各物體碰撞前後相對速度的比值，則是**恢復係數**。現在有一從高度 h 自然落下的物體碰撞到地板，反彈高度為 h'，試求物體的恢復係數（圖 1）。

　　在第 2 章的自由落體運動中，曾經說明過，物體的速度與高度的關係為 $v^2 = 2gh$。由此關係式並設向下的速度為正，碰撞前物體的速度 $v_1 = \sqrt{2gh}$ 為式(1)，以碰撞後物體的速度 $v_1' = -\sqrt{2gh'}$ 為式(2)。在恢復係數的公式(3)中代入 v_1、v_1'，由於地板速度 $v_2 = v_2' = 0$，將所有式子整理，則得到 $e = \sqrt{\dfrac{h'}{h}}$，故可知**恢復係數僅受到高度的比值而決定**。

　　試著利用此結果來探討圖 2 的運動。假設從高度 50cm 處自由落到地面的物體，會反彈 2cm 的高度。接著，將同樣物體從高度 50cm 處以 4 m/s 的初速度鉛直下拋，試計算其反彈高度？在此，將重力加速度設為 $g = 10 \text{ m/s}^2$。

　　假設恢復係數不受碰撞速度變化的影響，則由式(1) $e = \sqrt{\dfrac{h'}{h}}$ 可求得自由落體的恢復係數為 0.2。接著，將以 4 m/s 的初速度鉛直下拋的動作以式(2) $h_0 = \dfrac{v_0^2}{2g}$ 算出高度，可得相當於 0.8m 的高度。也就是說，依式(3)所示，以 4 m/s 的初速度鉛直下拋，可以想成是與從離地高度 0.8m + 0.5m = 1.3m 處的自由落體，有相同的效果。

　　如這般思考，從式(1)求得反彈後的高度 h' 代入式(4) $h' = e^2 \cdot h$ 求解 h'，則可得反彈高度 h' 為 5.2cm。

圖1 自由落體的反彈高度

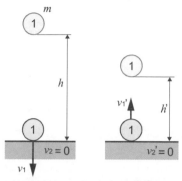

碰撞發生前一瞬間的速度 v_1

$$v_1 = \sqrt{2gh} \qquad \cdots\cdots (1)$$

碰撞發生後一瞬間的速度 v_1'

$$v_1' = \sqrt{2gh'} \qquad \cdots\cdots (2)$$

$$e = -\frac{v_1' - v_2'}{v_1 - v_2} \qquad \cdots\cdots (3)$$

$$= -\frac{-\sqrt{2gh'} - 0}{\sqrt{2gh} - 0}$$

$$= \boxed{\sqrt{\frac{h'}{h}}}$$

碰撞發生前
一瞬間

碰撞發生後
一瞬間

反彈的高度由恢復係數決定

圖2 鉛直下拋物體的反彈高度

自由落體

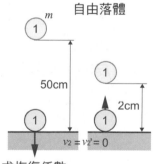

鉛直下拋

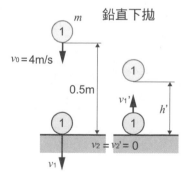

求恢復係數

$$e = \sqrt{\frac{h'}{h}} \qquad \cdots\cdots (1)$$

$$= \sqrt{\frac{2}{50}}$$

$$= \sqrt{0.04}$$

$$= 0.2$$

$v_0^2 = 2gh_0$

$$h_0 = \frac{v_0^2}{2g} \qquad \cdots\cdots (2)$$

$$= \frac{4^2}{2 \times 10} = 0.8\,[\text{m}]$$

4 m/s 初速度可彈高 0.8m

$$\therefore h = 0.8 + 0.5 = 1.3 \qquad \cdots\cdots (3)$$

$$e = \sqrt{\frac{h'}{h}}$$

$$\therefore h' = e^2 h \qquad \cdots\cdots (4)$$

$$= 0.04 \times 1.3$$

$$= 0.052\,[\text{m}]$$

$$= \boxed{5.2\,[\text{cm}]}$$

碰撞是重心接近再遠離的運動
——碰撞後的速度

　　兩個物體於一直線上發生碰撞，碰撞後的速度會變成如何呢？這種碰撞，以物體質量集合的重心速度來思考。想像物體的速度相對於物體重心的變化，則容易了解。如圖所示，設重心的速度為 v，物體碰撞前互相接近，故 $v_1 > v > v_2$。再者，碰撞後物體互相遠離，故 $v_1' < v < v_2'$。由圖可知，碰撞可說是兩個物體之重心彼此接近再遠離的運動。

　　若欲求解碰撞後的速度 v_1' 與 v_2' 兩個未知數，需使用動量守恆定律式(1)與恢復係數式(2)。謹慎地將式子整理，v_1' 可從式(3)、v_2' 可從式(4)求得。

　　式(3)、式(4)兩者的等號右邊第一項 $\dfrac{m_1 v_1 + m_2 v_2}{m_1 + m_2}$ 為總動量除以總質量，表示重心的速度。接著，如下圖所示，等號右邊為碰撞後的相對速度 $e\,(v_1 - v_2)$，是以重心的速度為基準，並依照物體 1、2 的質量 m_1、m_2 的大小分配。這種計算方式在力學稱為**反比內插法**。

碰撞後的速度分配

● 分配給物體 1 的速度為 $\triangle v_1'$

● 分配給物體 2 的速度為 $\triangle v_2'$

● 左圖質量與速度的比值如下

$$(m_1 + m_2) : m_2 : m_1$$
$$= e\,(v_1 - v_2) : \triangle v_1' : \triangle v_2'$$
$$(m_1 + m_2) : m_1 = e\,(v_1 - v_2) : \triangle v_2'$$

$(m_1 + m_2) : m_2 = e\,(v_1 - v_2) : \triangle v_1'$

$$\therefore \triangle v_1' = e\,(v_1 - v_2)\,\frac{m_2}{m_1 + m_2}$$

$$\therefore \triangle v_2' = e\,(v_1 - v_2)\,\frac{m_1}{m_1 + m_2}$$

碰撞後的速度

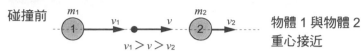

碰撞前　$v_1 > v > v_2$　　物體 1 與物體 2
重心接近

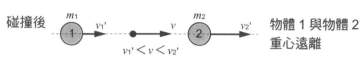

碰撞後　$v_1' < v < v_2'$　　物體 1 與物體 2
重心遠離

$$m_1 v_1 + m_2 v_2 = m_1 v_1' + m_2 v_2'$$ ……(1) 依動量守恆

$$e = - \frac{v_1' - v_2'}{v_1 - v_2}$$ ……(2) 恢復係數

由式(1)及式(2)，求解 v_1' 與 v_2'

將式(1)左右互換

$$m_1 v_1' + m_2 v_2' = m_1 v_1 + m_2 v_2$$ ……(1)' 為碰撞後的左側

將式(2)變形

$$v_1' - v_2' = - e(v_1 - v_2)$$ ……(2)' 為碰撞後的左側

● 求解 v_1'　　藉(1)'+(2)'×m_1，消去左邊 v_2'

$$m_1 v_1' + m_2 v_2' = m_1 v_1 + m_2 v_2$$
$$+) \quad m_2 v_1' - m_2 v_2' = - e m_2 (v_1 - v_2)$$

v_2' 消去！

$$m_1 v_1' + m_2 v_1' = m_1 v_1 + m_2 v_2 - e m_2 (v_1 - v_2)$$ 未知數只剩 v_1'

$$\therefore \quad v_1' = \frac{m_1 v_1 + m_2 v_2}{m_1 + m_2} - e(v_1 - v_2)\frac{m_2}{m_1 + m_2}$$ ……(3)

較重心的速度小，為負值

● 求解 v_2'　　藉(1)'-(2)'×m_1，消去左邊 v_1'

$$m_1 v_1' + m_2 v_2' = m_1 v_1 + m_2 v_2$$
$$-) \quad m_1 v_1' - m_1 v_2' = - e m_1 (v_1 - v_2)$$

v_1' 消去！

$$m_2 v_2' + m_1 v_2' = m_1 v_1 + m_2 v_2 + e m_1 (v_1 - v_2)$$ 未知數只剩 v_2'

$$\therefore \quad v_2' = \frac{m_1 v_1 + m_2 v_2}{m_1 + m_2} + e(v_1 - v_2)\frac{m_1}{m_1 + m_2}$$ ……(4)

較重心的速度大，為正值

求碰撞後的速度
──碰撞的驗證

　　使用前一節求出來的公式，在圖①與②的條件下，試著求碰撞後兩物體的速度。另外，我們該如何驗證計算是否正確呢？在動量守恆定律式與恢復係數公式，條件是沒有外力作用，僅有回彈力。接下來要思考的計算範例的驗算，必須確認碰撞前後的總動量為恆定，也就是說確認動量守恆這件事。

　　例①為彈性係數 $e = 1$ 的**完全彈性碰撞**，兩物的質量相等，故碰撞前後發生彼此**速度交換**的情形。計算的結果，可知碰撞前兩物的速度在碰撞後分別交換了。驗算時，碰撞前的總動量為 $1×4 + 1×3 = 7$kg・m/s、碰撞後的總動量為 $1×3 + 1×4 = 7$kg・m/s。可在腦海中想像撞球互相碰撞的運動狀況。

　　例②為**完全非彈性碰撞**，也就是說碰撞後兩物合而一體運動的融合範例。兩物碰撞前的總動量為 $3×4 + 2×2 = 16$kg・m/s、碰撞後的總動量為 $3×3.2 + 2×3.2 = 16$kg・m/s。這個範例就好像溜冰時朋友從後方追上來抱住你的情形，當然，是在你們沒有摔倒的情況下。

　　上述兩個範例，分別為速度交換與融合的特例，請各位也試著將右頁下方的例題計算看看吧。例題之解答為，例(1)為 $v_1' = 2.4$m/s、$v_2' = 4.4$m/s，例(2)為 $v_1' = 2.8$m/s、$v_2' = 3.8$m/s。

求碰撞後的速度

物體 1 碰撞後的速度

$$v_1' = \frac{m_1 v_1 + m_2 v_2}{m_1 + m_2} - e(v_1 - v_2)\frac{m_2}{m_1 + m_2}$$

物體 2 碰撞後的速度

$$v_2' = \frac{m_1 v_1 + m_2 v_2}{m_1 + m_2} + e(v_1 - v_2)\frac{m_1}{m_1 + m_2}$$

① **速度交換的範例** $e=1$、m_1=1kg、v_1=4m/s、m_2=1kg、v_2=3m/s

碰撞前 碰撞後

$e=1$

m_1 v_1 m_2 v_2 m_1 v_1' m_2 v_2'

1kg 4m/s 1kg 3m/s 3m/s 4m/s

$$v_1' = \frac{1 \times 4 + 1 \times 3}{1 + 1} - 1 \times (4-3) \times \frac{1}{1+1} = \frac{7}{2} - \frac{1}{2} = \frac{6}{2} = 3\,[\text{m/s}]$$

$$v_2' = \frac{1 \times 4 + 1 \times 3}{1 + 1} + 1 \times (4-3) \times \frac{1}{1+1} = \frac{7}{2} + \frac{1}{2} = \frac{8}{2} = 4\,[\text{m/s}]$$

② **融合的範例** $e=0$、m_1=3kg、v_1=4m/s、m_2=2kg、v_2=2m/s

碰撞前 碰撞後

$e=0$

m_1 v_1 m_2 v_2 m_1 m_2 v_1' v_2'

3kg 4m/s 2kg 2m/s 3.2m/s

$$v_1' = \frac{3 \times 4 + 2 \times 2}{3 + 2} - 0 \times (4-2) \times \frac{2}{3+2} = \frac{16}{5} - 0 = \frac{16}{5} = 3.2\,[\text{m/s}]$$

$$v_2' = \frac{3 \times 4 + 2 \times 2}{3 + 2} + 0 \times (4-2) \times \frac{3}{3+2} = \frac{16}{5} + 0 = \frac{16}{5} = 3.2\,[\text{m/s}]$$

- -

例(1) $e=1$、m_1=3kg、v_1=4m/s、m_2=2kg、v_2=2m/s

例(2) $e=0.5$、m_1=3kg、v_1=4m/s、m_2=2kg、v_2=2m/s

斜向彈性碰撞
——平面的碰撞

在前一節中，我們思考了直線上的物體碰撞。在此我們要學習平面的物體碰撞。

在圖之①中，以速度 v 在不考慮摩擦的地面上，物體發生斜向彈性碰撞，物體的反彈速度為 v'。初速度 v 分解為 v_x 與 v_y。請計算垂直方向 v_y 的反彈速度。(a) 恢復係數為 1，故反彈速度為 $-v_y$，(b) 為恢復係數小於 1，故反彈速度為 $-ev_y$。(a) 的反彈速度 v' 為 v_x 與 $-v_y$ 的合成速度，(b) 的反彈速度 v' 為 v_x 與 $-ev_y$ 的合成速度。

在②中，碰撞前動量為 m_1v_1 的物體 1 及 m_2v_2 的物體 2，兩者發生斜向碰撞。將 v_1 與 v_2 分別對 x 軸方向與 y 軸方向分解，由 **5-6** 節 v_1' 與 v_2' 的關係式，求解 v_1x' 與 v_1y'、v_2x' 與 v_2y'，並計算分別合成的 v_1' 與 v_2'。

在③中為兩物的彈性係數 $e = 0$ 的碰撞（融合）範例。將數值簡單化，試求實際碰撞後的向量。若動量均為 $2mv$，交角 60 度的兩個物體，碰撞後融合成一體，以速度 V 運動。試求速度 V。

將動量的向量組合，形成一個四邊長均為 $2mv$ 的 60 度夾角平行四邊形。平行四邊形的對角線即為碰撞後合成的動量，故可知向量的作用線在夾角 60 度的二等分線上。碰撞後的質量為 $2m + m = 3m$，速度為 V，則碰撞後的動量為 $3mV$。平行四邊形的對角線長度為 $2mv\cos30°$ 的兩倍，即 $3mV = 2 \times 2mv\cos30°$，可求得碰撞後的速度 V。

物體的斜向碰撞

①在不考慮摩擦的前提下，物體與地面的斜向碰撞

（a）$e = 1$ 完全彈性碰撞　　　　（b）$0 < e < 1$

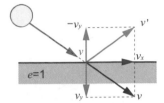 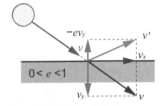

碰撞後速度，為垂直向上的速度與水平速度的合成速度

②兩個彈性物體的斜向碰撞

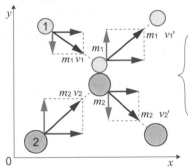

碰撞前 x 軸方向的總動量
= 碰撞後 x 軸方向的總動量

碰撞前 y 軸方向的總動量
= 碰撞後 y 軸方向的總動量

③融合的斜向碰撞

（a）交角 60 度的融合　　　　（b）動量的合成

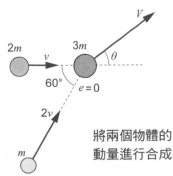

將兩個物體的
動量進行合成

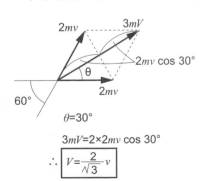

$\theta = 30°$

$3mV = 2 \times 2mv \cos 30°$

$$\therefore V = \frac{2}{\sqrt{3}} v$$

打棒球與飛機的行進
——動量的思考

　　我們探討了碰撞運動，還有一種不可或缺的碰撞問題是打棒球。如圖 1 所示，在理想情況下球棒與球之間發生碰撞，我們以彈性碰撞的計算，看看打到球後，球棒的速度與球的初速。

　　預設條件如下。恢復係數 e 為 0.4，球棒的質量 m_1 為 0.9kg，球棒速度 v_1 為 100km/h，球的質量 m_2 為 0.14kg，球的速度 v_2 為 −120km/h，設擊球後球行進的方向為正（＋）。將此條件代入 **5-6** 節中的式(3)與(4)中計算得知，擊球後瞬間的球棒速度為 58.6km/h，球速為 146.6km/h。

　　然而，右頁中速度 v_1、v_2 的單位為 km/h，算式中的計算中省略了 m/s 的單位轉換。

　　另外，雖與碰撞無關，圖 2 中的飛機飛行，需要使機體行進的推力。此推力可以用空氣及噴射氣流的流體作用力與反作用力，與動量兩方面來進行說明。

　　螺旋槳將空氣向機體後方推動、對螺旋槳飛機施予作用力，同時空氣產生反作用力，推動飛機前進。同樣的原理，噴射引擎將噴射氣流向機體後方推動、對噴射機施予作用力，同時噴射氣流產生反作用力來推動飛機前進。我們可以運用牛頓力學，求解被推向後方的空氣及噴射氣流的動量，與機體前進動量之間的關係。

圖1 擊球的初始速度

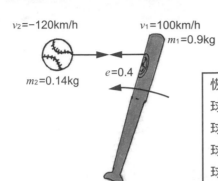

$v_2 = -120\text{km/h}$
$v_1 = 100\text{km/h}$
$m_1 = 0.9\text{kg}$

$e = 0.4$

$m_2 = 0.14\text{kg}$

擊球後,將球運動的
方向設為正(+)

恢復係數 e:0.4
球棒質量 m_1:0.9kg
球棒速度 v_1:100km/h
球的質量 m_2:0.14kg
球的速度 v_2:−120km/h

$$v_1' = \frac{90-16.8}{1.04} - 0.4 \times 220 \times \frac{0.14}{1.04} \fallingdotseq 70.4 - 11.8 = \boxed{58.6\,[\text{km/h}]}$$

$$v_2' = \frac{90-16.8}{1.04} + 0.4 \times 220 \times \frac{0.9}{1.04} \fallingdotseq 70.4 + 76.2 = \boxed{146.6\,[\text{km/h}]}$$

圖2 飛機的行進

螺旋槳式飛機對空氣施予作用力
空氣的動量

空氣對機體施予的反作用力
機體的動量

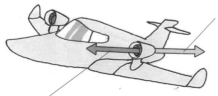

引擎對噴射氣流施予作用力
噴射氣流的動量

噴射氣流對機體施予的反作用力
機體的動量

水與空氣的運動
——流體力學

前面說過，在牛頓力學中，一般均將固體視為剛體。因此，液體與氣體等不具有固定形狀的東西，是否就不能以力學來探討呢？答案是，雖然不屬於牛頓力學的範疇，力學領域已經被擴充至能夠處理**流體**（液體與氣體）。探討流體的運動，稱為**流體力學**。讓我們試著探討與本章內容相關的主題：流體的運動。

如圖 1 之①所示，(1)盛裝在容器裡質量 m 的水，當其處於 h 高度，依公式(1)可知水對地面具有位能 $U = mgh$。當此容器落下，在碰撞到地面的前一瞬間，達到速度 v' 故具有動量 $mv' = m\sqrt{2gh}$ 。或在(2)中，以速度 v 運動，依照公式(2)水具有的動能為 $T = \frac{1}{2}mv^2$、動量為 mv。

另外像②這樣沒有容器的狀況又如何呢？在現實中，水並不會主動聚在一起移動，故我們可以想成原本在水桶中的水全部一起掉下來。這樣一來，是不是跟①的情形一樣，可以使用公式(1)與公式(2)了呢？①可視為**固體的運動**、②可視為**流體的運動**。

想要探討運動的流體，相對於固體運動中需要的是質量，而流體運動需要的是**流體的流量**。如圖 2 之①所示，**流體的流量代表每單位時間流動的流體量**。流體量的表達方式有，體積流量 m^3/s、質量流量 kg/s、重量流量 N/s。在①中，穩定流動的流體流量，不論在(1)、(2)、(3)三個位置均相等，稱為**流體質量守恆定律**。質量守恆定律如②所示，在形狀不斷變化的管路各個位置均成立。表示這個狀態的公式，稱為**連續式**。

圖1　水的運動

①水裝在容器中

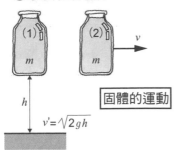

②想像拿掉容器的情況

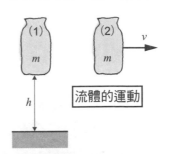

	力學能	動量
公式(1)	$U = mgh$	$mv' = m\sqrt{2gh}$
公式(2)	$T = \dfrac{1}{2}mv^2$	mv

圖2　流量及連續式

①流體質量守恆定律

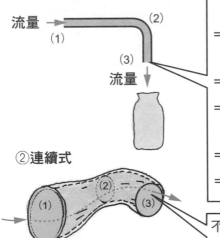

流量

流量

②連續式

體積流量：Q_V

$= \dfrac{體積}{時間}$ (m³/s)

質量流量：Q_M

= 流體密度 × 體積流量

$= \dfrac{質量}{時間}$ (kg/s)

重量流量：Q_G

= 質量流量 × 重力加速度

$= \dfrac{重量}{時間}$ (N/s)

不論在管路的任何位置，體積流量 = 面積 × 速度為定值

水管的水與噴射引擎
——流體的動量

　　本節舉例說明流體的動量，試思考從水管噴出的水如何運動。將淋浴的水管在任意的長度位置拿住，當增加水量，淋浴的水管將開始跳舞躍動，各位都有這樣的經驗吧。這是因為噴出的水量產生作用力，造成反作用力，壓迫噴頭而產生運動（如圖 1 之①）。

　　水噴出的作用力 F，水的密度 ρ，體積流量 Q_V，出口處的流體速度 v，三者均已知，可以計算（②）。密度 ρ 為每單位體積的質量，單位為 (kg/m^3)。

　　因運動的變化量即為與衝量，設水噴出的質量為 m，則將 $mv = Ft$ 變形為 $F = \dfrac{mv}{t}$，即可求得力。在此，$\dfrac{m}{t}$（每單位時間流動的水質量）可想像為體積流量與密度的乘積。這僅是講法上的不同，實際上是在講同一件事。將此代入 $F = \dfrac{mv}{t}$，表示從水管噴出的水形成作用力，可由密度 × 體積流量 × 速度求得。

　　圖 2 介紹飛機噴射引擎的作用原理。在高速時，引擎將噴射氣流向後方推出，利用產生的反作用力，噴射氣流得以將飛機機體往前推進。作用力的求法同圖 1。

　　壓縮機從前方將空氣吸入，壓縮空氣體積。壓縮的空氣加入燃料，在燃燒室中進行燃燒，產生高速氣體向後方推去。高速氣體經過渦輪，開始轉動，於是壓縮機與渦輪一起旋轉，燃燒氣體最後經噴嘴被噴射到大氣裡，對引擎產生反作用力，而使機體前進。

圖1 水管噴水

①水的作用力與反作用力

②水對噴出口施加的力

反作用力

作用力

當水量增加，蓮蓬
頭開始跳動

大氣壓力

反作用力
水管受到的力

作用力
水噴出的力

$$密度\ \rho$$
$$體積流量\ Q_V$$
$$速度\ v$$
$$力\ F$$

$$mv = Ft$$

$$\therefore F = \frac{m}{t}v$$

$$\rho Q_V = \frac{m}{t}$$

$$\therefore \boxed{F = \rho Q_V v}$$

圖2 噴射引擎的運動

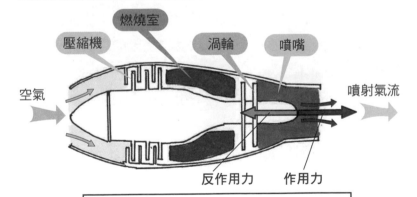

燃燒室

壓縮機

渦輪

噴嘴

空氣

噴射氣流

反作用力

作用力

作用力：
噴射引擎將噴射氣流向後方推出

反作用力：
噴射氣流將噴射引擎（機體）往前推進

水道的衝擊及衝擊式水車
——流體的衝擊力

關緊單把式的水龍頭，以及切換洗衣機開關使水停止，你是否聽過啵一聲的衝擊聲呢。這是一種稱為**水錘作用**（*Water hammer*）的現象。

如圖 1 之①所示，當動量 mv 的固體與牆壁碰撞，一瞬間速度變為零，而產生非常大的**衝擊力**。水也一樣，從噴射口流出來具有動量 pQv 的水流，停止的瞬間，也會產生非常大的衝擊力。此為水錘作用發生的原因。②單把式的水龍頭，比起扭轉式水龍頭來說，能在更短的時間內將水截斷，故水錘作用也更容易發生。

在大流量水道設備中的水錘作用，會產生巨大的壓力，甚至可能對管線造成損傷。在這類設備裡，均導入能夠避免水錘作用的措施。

如圖 2 之①所示，水的衝擊力可運用在水力發電，人類發明了**衝擊式水車**，又因發明者的名字稱做**佩爾頓式水車**。水流從噴頭向水車的切線方向噴出。裝置在水車週圍、承受水衝擊的扇葉，受到噴流的作用，造成水車以輸出軸為中心旋轉，將水的能量轉換成旋轉運動。

②的扇葉就像將兩個湯匙連結在一起的構造，來自噴頭的噴流因湯匙構造的作用，而產生 180 度迴轉。如此一來，扇葉受到水的作用力，產生反作用力，得以帶動水車。這就是衝擊式水車名稱的由來。

圖1　水錘作用

①水的衝擊力

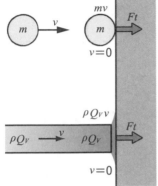

> 碰撞的時間 t 為一瞬間，故產生非常大的衝擊力 F。

$$mv = Ft$$
$$\therefore F = \frac{m}{t}$$

$$\rho Q_V v = Ft$$
$$\therefore F = \frac{\rho Q_V v}{t}$$

②單把式水龍頭開關時

圖2　利用水的衝擊力

①衝擊式水車

噴頭

扇葉

②扇葉的運動

水流產生反作用力

反作用力使水車旋轉

水車的輸出軸

外盒（case）

水流

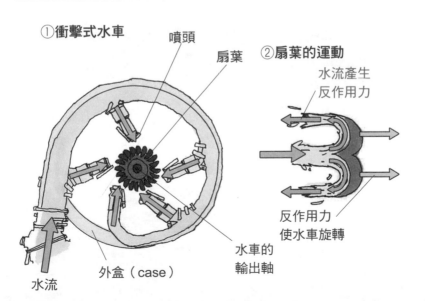

流體力學的運用
——上升力與下壓力

　　作用在飛機翅膀的**上升力**，以及 F1 賽車的擾流板形成的空氣**下壓力**等，均屬於流體改變動量，因反作用力而產生的特殊力。我們身邊的物體也能觀察到這種力。

　　例如在電風扇或是冷氣的出風口前，放一張紙等容易受到風阻的東西。當紙平行於風的方向，對氣流不造成影響，故不會受到氣流的影響（圖 1 之①）。然而，當對著氣流方向改變紙的角度，氣流的方向也開始發生變化（②）。紙將氣流的方向改變，就是氣流的速度也改變，假設風在紙前具有動量 mv，通過紙後動量變成 mv'。當風通過紙，紙受到使動量產生變化的衝量 Ft。因此，風亦對紙施予一反作用力 $-Ft$。$-Ft$ 將紙向上方推。此為在流體前方的紙所受到的力。

　　圖 2 顯示當物體造成流體的動量產生變化，流體會對物體施予反作用力。

　　在①中，當大氣通過飛機的翅膀，氣流扭曲，翅膀對氣流形成 Ft 作用力，氣流對翅膀施予 $-Ft$ 的反作用力，此反作用力就是上升力，可將機體向上抬升。

　　在②的賽車中，裝置於車體前後的擾流板，與飛機翅膀正好相反，會將大氣氣流向上扭曲，故氣流對擾流板施予下壓力，使車體能夠被安定地壓在地面。然而，此下壓力對於賽車的速度是為阻力，故車體後方的擾流板角度設計成可調整式，在直線運行時可調整減少下壓力。

圖1　流體的作用力與反作用力

①平行於氣流的紙

②使流體方向改變的紙

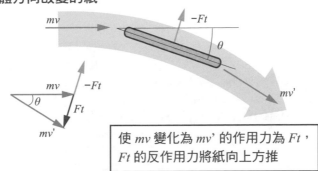

使 mv 變化為 mv' 的作用力為 Ft，Ft 的反作用力將紙向上方推

圖2　流體反作用力的運用

①作用於飛機翅膀的上升力

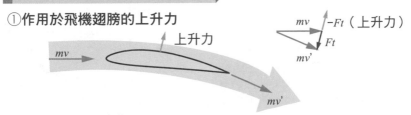

②作用於 F1 賽車擾流板的下壓力

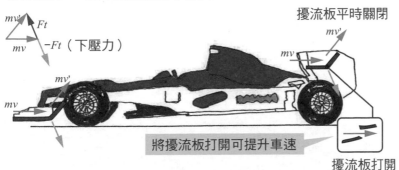

擾流板平時關閉

將擾流板打開可提升車速

擾流板打開

索引

十二至十三劃

十四劃

十五劃

十六劃以上

Note

國家圖書館出版品預行編目資料

3小時讀通牛頓力學 / 小峯龍男作 ; 龔恬永譯.
-- 二版. -- 新北市 : 世茂, 2022.05
　　面 ;　　公分. -- (科學視界 ; 258)
　ISBN 978-986-5408-85-5(平裝)

1.CST: 力學

332　　　　　　　　　　　　　111002019

科學視界258

【新裝版】3小時讀通牛頓力學

作　　者／小峯龍男
譯　　者／龔恬永
主　　編／楊鈺儀
責任編輯／陳文君
出 版 者／世茂出版有限公司
地　　址／(231)新北市新店區民生路19號5樓
電　　話／(02)2218-3277
傳　　真／(02)2218-3239（訂書專線）
劃撥帳號／19911841
戶　　名／世茂出版有限公司
　　　　　單次郵購總金額未滿500元（含），請加80元掛號費
世茂網站／www.coolbooks.com.tw
排版製版／辰皓國際出版製作有限公司
印　　刷／凌祥彩色印刷股份有限公司
二版一刷／2022年5月

Ｉ Ｓ Ｂ Ｎ／978-986-5408-85-5
定　　價／320元